Alexander Lüdeke
Typenkompass
Panzer der Alliierten
1939–1945

Alexander Lüdeke

Typenkompass

Panzer der Alliierten

1939 bis 1945

Motor buch Verlag

Einbandgestaltung Luis dos Santos

Bildnachweis: Alle Bilder, sofern nicht ausdrücklich andere Quellen angegeben sind, stammen aus dem Archiv Alexander Lüdeke.

ISBN 978-3-613-03108-1

2. Auflage 2010

Sie finden uns im Internet unter
www.motorbuch-verlag.de

Lektorat: Joachim Köster
Innengestaltung: Bernd Peter
Reproduktionen: digi Bild reinhardt, 73037 Göppingen
Druck und Bindung: Kessler Druck und Medien, 86399 Bobingen
Printed in Germany

Inhalt

(Library of Congress)

Einleitung

Die Alliierten entwickelten und verwendeten während des Zweiten Weltkriegs eine Vielzahl von Panzern und Kampffahrzeugen. Neben den drei großen Produzenten solcher Fahrzeuge (USA, Großbritannien, UdSSR) entstanden auch in kleineren Staaten, wie z.B. den Ländern des britischen Commonwealth oder Polen, eine Anzahl von Panzern und Panzerwagen. Obschon dieser Typenkompass versucht einen möglichst umfassenden Überblick zu vermitteln, setzt der Umfang dieses Bandes diesem Vorhaben leider enge Grenzen. So war es leider nicht möglich, sämtliche Fahrzeuge aufzunehmen oder alle Versionen im Detail darzustellen.

Kleine Nationen mit nur einer Handvoll Panzerfahrzeugen wie z.B. Belgien oder die Niederlande mussten ganz entfallen, andere Staaten, die über keinerlei eigene Panzerproduktion verfügten (etwa Jugoslawien, Griechenland oder China) wurden ausgespart, da ihre Streitkräfte mit Material aus den Arsenalen der großen Nationen ausgerüstet wurden.

Überhaupt waren die USA und ihr schier unerschöpfliches Industriepotential ab 1942 die Rüstkammer fast sämtlicher alliierter Staaten, selbst die UdSSR erhielt im Zuge des Leih- und Pacht-Abkommens Tausende von gepanzerten Fahrzeugen aus den USA. So findet sich im Abschnitt "USA" eine ganze Anzahl von Typen, die nicht nur von der US-Army sondern auch von vielen anderen Streitkräften eingesetzt wurde. Im Falle des T17E1 Staghound erlaubten sich die USA sogar den Luxus, einen Panzerwagen nicht für den eigenen Bedarf, sondern allein für die Armeen Großbritanniens und des Commonwealth zu produzieren.

Doch obwohl die USA und auch die UdSSR im Laufe des Krieges eine riesige Zahl an gepanzerten Fahrzeugen bauten, war jedoch die Typenvielfalt im Vergleich zum Deutschen Reich eher gering. Aber gerade diese Konzentration auf einige wenige bewährte und massenproduktionstaugliche Modelle sicherte den Alliierten ihre materielle Überlegenheit, die ihnen schließlich zum Sieg verhalf.

Bei der Konzeption eines solchen Buches stellt sich zwangsläufig die Frage, in welcher Reihenfolge man die betreffenden Fahrzeuge ordnet und darstellt. Ich habe mich dafür entschieden, die einzelnen Typen jeweils nur ihrem Ursprungsland zuzuordnen, da es ansonsten zu Überschneidungen gekommen wäre (s.o.). Die kriegführenden Staaten selbst wurden nach ihrem Eintritt in den Zweiten Weltkrieg chronologisch geordnet.

Mein Dank gilt erneut meiner Lebensgefährtin Martina Pohl, ihrer Geduld und ihrer Bereitschaft, meine Manuskripte zu korrigieren. Auch bei all jenen, die mir die Erlaubnis zur Verwendung ihres Bildmaterials gegeben haben, möchte ich mich ausdrücklich bedanken.

Dortmund, im Frühjahr 2009

Alexander Lüdeke

TKS

Ab 1929 wurden in Polen auf der Basis importierter britischer Carden-Loyd Fahrgestelle Prototypen zweier verschiedener »Tanketten« oder Kleinpanzer entwickelt. Diese TK-1 und TK-2 genannten Modelle waren recht beweglich, mit zwei Mann besetzt und trugen ein einzelnes MG in einem nach oben offenen Kampfraum. Ab 1931 erfolgte die Serienproduktion eines rundum geschlossenen Fahrzeuges, des TK-3. Rund 300 Stück wurden von diesem Typ hergestellt. Ab Mitte 1933 begann die Entwicklung einer verbesserten Version mit stärkerer Panzerung, robusterem Laufwerk und einem neuen Motor.
Bis September 1939 entstanden insgesamt 390 dieser TKS genannten Kleinpanzer. Um die Feuerkraft der Modelle TK-3 und TKS zu verbessern, begannen bereits 1936 erste Versuche mit dem Einbau polnischer 2-cm-MK. Bis zum Kriegsausbruch wurden jedoch nur wenige »Tanketten« umgerüstet. Die Mehrzahl war nach wie vor mit nur einem leichten MG bewaffnet und damit den deutschen Panzern weit unterlegen. Eine ungepanzerte Version der TK-Reihe (C 2 P) wurde als Zugmittel einsetzt.

Typ	leichter Panzerkampfwagen
Hersteller	Panstwowe Zaklady Inzynierii URSUS
Gefechtsgewicht	2740 kg
Länge	2580 mm
Breite	1780 mm
Höhe	1320 mm
Motor	Polski-Fiat 122B, 4-Zylinder-Benzinmotor
Hubraum	k.A
Leistung kW/PS	34/46
Leistungsgewicht	16,8 PS/t
Höchstgeschw.	40 km/h (Straße)
Kraftstoffvorrat	60 l
Fahrbereich	180 km (Straße), 110 km (Gelände)
Besatzung	2
Bewaffnung	1 x 7.92-mm wz.25 oder wz.30 MG
Panzerung	3 – 10 mm
Furttiefe	0,58 m

Rechts: Seitenansicht eines TKS-Kleinpanzers.

Links: Trotz des mutigen Einsatzes der polnischen Armee, waren »Tanketten« wie dieser TK-3 im September 1939 kein Gegner für die Wehrmacht.

7TP

Anfang der 1930er Jahre kaufe Polen bei Vickers-Armstrong 38 Exemplare des damals sehr modernen und erfolgreichen »Vickers-6-Tonners« und entwickelte daraus den 7TP, von dem zwischen 1934 bis 1939 135 Exemplare hergestellt wurden. Der 7TP war der erste mit einem Dieselmotor ausgerüstete Panzer Europas, verfügte über eine Funkanlage und war für die damalige Zeit sehr leistungsfähig. Ein Manko war jedoch die zu schwache Panzerung. Frühe Exemplare besaßen zwei kleine, nebeneinander befindliche Drehtürme mit jeweils einem 7,92-mm-Browning-MG (7TP dw), spätere Modelle einen Turm mit einer schwedischen 3,7-cm-Bofors-Kanone und ein koaxiales 7,92-mm-MG. Kurz vor Ausbruch des Krieges entstand noch eine schwerer gepanzerte Version (frontal bis zu 40 mm), die jedoch über das Prototypenstadium nicht hinauskam. Im Kampf gegen die Wehrmacht schlugen sich die 7TP tapfer, wurden jedoch von der Übermacht der deutschen Invasoren schier erdrückt. Auf Basis des Laufwerks des 7TP erschien zudem ein ungepanzerter Vollkettenschlepper (C 7 P).

Typ	mittlerer Panzerkampfwagen
Hersteller	Panstwowe Zaklady Inzynierii URSUS
Gefechtsgewicht	9900kg
Länge	4650 mm
Breite	2410 mm
Höhe	2160 mm
Motor	Saurer VBLDb, 6-Zylinder-Dieselmotor
Hubraum	k.A
Leistung kW/PS	81/110
Leistungsgewicht	11,1 PS/t
Höchstgeschw.	37 km/h (Straße)
Kraftstoffvorrat	130 l
Fahrbereich	160 km (Straße), 120 km (Gelände)
Besatzung	3
Bewaffnung	1 x 3,7-cm-Kanone L/45 wz. 37, 1 x 7,92-mm-MG Ckm wz. 30
Panzerung	5 – 17 mm
Furttiefe	0,7 m

Panzer des Typs 7TP, aufgenommen 1939.

AMD Laffly 50 und 80

Typ	Panzerspähwagen
Hersteller	Laffly
Gefechtsgewicht	6500 kg
Länge	5500 mm
Breite	2300 mm
Höhe	2480 mm
Motor	4-Zylinder-Benzinmotor
Hubraum	k.A
Leistung kw/PS	37/50
Leistungsgewicht	7,7 PS/t
Höchstgeschw.	65 km/h (Straße)
Kraftstoffvorrat	120 l
Fahrbereich	350 km (Straße)
Besatzung	4
Bewaffnung	1 x 3,7-cm-Kanone SA18 L/21 und 1 x 8-mm-Hotchkiss-MG
Panzerung	max. 7 mm
Furttiefe	0,6 m

Dieses Fahrzeug basierte auf Panzerwagen vom Typ White, die 1918 bei den französischen Streitkräften eingeführt worden waren. 1931 und 1932 wurden die Panzergehäuse von rund 100 dieser Wagen auf neue Lkw-Fahrgestelle der Firma Laffly gesetzt, weshalb mitunter auch die Bezeichnung White-Laffly auftaucht. Die Fahrzeuge verfügten über einen 4x2 Antrieb, beschusssichere Reifen sowie Front- und Hecksteuerung. Im manuell angetriebenen Zwei-Mann-Drehturm befanden sich vorn eine 3,7-cm-Kanone und hinten ein 8-mm-Hotchkiss-MG, für die 164 bzw. 2880 Schuss mitgeführt wurden. Die genietete Panzerung war mit max. 7 mm recht schwach und schützte kaum vor dem Beschuss mit Handfeuerwaffen. Nur rund 20 dieser veralteten Fahrzeuge waren 1940 noch in Frankreich vorhanden, die restlichen dienten in den französischen Kolonien in Nordafrika, Syrien und Indochina, teils neben ihren unveränderten Vorgängern vom Typ White Modell 1918. Eine weitere Fortentwicklung dieses Typs, der AMD Laffly 80, wurde in nur 28 Exemplaren gebaut und in Tunesien eingesetzt.

Oben: Heckansicht eines AMD 80 in Tunesien.

Links: Obwohl vollkommen veraltet, standen AMD 50 auch 1940 noch im Dienst der französischen Armee.

AMD35 Panhard 178

Die Entwicklung des Panhard 178 begann Mitte der 1930er Jahre, daher auch die Bezeichnung AMD35. Bis Juni 1940 wurden etwa 550 AMD35 aller Modelle an die französischen Streitkräfte ausgeliefert, was dieses Modell zum bedeutendsten französischen Panzerwagen machte. Der Panhard 178 war ein für die damalige Zeit modernes Fahrzeug und besaß interessante Merkmale. Dazu gehörten z.B. die selbstragende Wanne, der zweite, nach hinten schauende Fahrer, der bei Gefahr die Steuerung übernehmen konnte, und der mit Drehschiebern statt Ventilen arbeitende Zweitaktmotor. Nachteilig war hingegen die genietete Panzerung, die bei Treffern dazu führen konnte, dass Nieten wie Geschosse durch den Kampfraum flogen. Neben der mit einer 2,5-cm-Kanone und einem koaxialen 7,5-mm-MG bewaffneten Version gab es auch eine nur mit einem 7,5-mm-Zwillings-MG ausgerüstete Variante und einen unbewaffneten Funk- und Befehlswagen (Panhard 178 TSF). Die Wehrmacht übernahm alle verfügbaren AMD35 als Panzerspähwagen P 204 (f).

Typ	Panzerspähwagen
Hersteller	Panhard
Gefechtsgewicht	8300kg
Länge	5140 mm
Breite	2010 mm
Höhe	2330 mm
Motor	Panhard SS 4-Zylinder-Benzinmotor
Hubraum	6330 ccm
Leistung kw/PS	78/105
Leistungsgewicht	15,1 PS/t
Höchstgeschw.	72 km/h (Straße)
Kraftstoffvorrat	125 l
Fahrbereich	350 km (Straße), 130 km(Gelände)
Besatzung	4
Bewaffnung	1 x 2,5-cm-Kanone SA35, 1 x 7,5-mm-MG MAC31
Panzerung	7 – 20 mm
Furttiefe	0,6 m

Oben: Panhard 178 TSF, die unbewaffnete Funk- und Befehlsversion des Panhard-Panzerwagens.

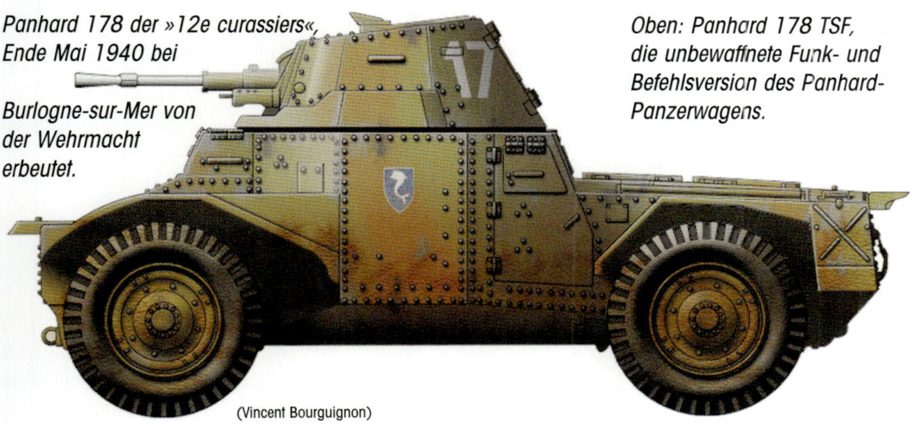

Panhard 178 der »12e curassiers«, Ende Mai 1940 bei Burlogne-sur-Mer von der Wehrmacht erbeutet.

(Vincent Bourguignon)

Renault UE

Der Renault UE war ein gepanzertes Nachschubfahrzeug der französischen Armee, das 1930/31 entworfen und ab 1932 in großer Zahl gebaut wurde. Insgesamt entstanden bis Juni 1940 fast 5200 Exemplare des Typs UE und des leicht modifizierten Modells UE2. Die zweiköpfige Besatzung saß nebeneinander und verfügte über je einen halbkugelförmigen Kopfschutz mit Sehschlitzen, der wegklappbar war. Der Motor befand sich zwischen Fahrer und Beifahrer, hinten war eine kippbare Ladebrücke angebracht, sodass ohne Verlassen des Fahrzeugs eine Ladung von bis zu 400 kg Gewicht gelöscht werden konnte. Zusätzlich wurde noch ein gepanzerter Anhänger mit Gleiskettenlaufwerk (Renault UK) mit ähnlicher Tragkraft entwickelt, der aber auch nur auf seinen Laufrädern rollen konnte. UE-Schlepper wurden unter anderem auch zum Ziehen leichter Pak und Flak eingesetzt, waren selbst jedoch gewöhnlich unbewaffnet. Die Wehrmacht erbeute zahlreiche Renault UE und setzte diese Fahrzeuge umfangreich ein.

Typ	gepanzerter Infanterie- und Munitionsschlepper
Hersteller	Renault und andere
Gefechtsgewicht	3300 kg
Länge	2940 mm
Breite	1750 mm
Höhe	1240 mm (Oberkante Wanne)
Motor	Renault 85, 4-Zylinder-Benzinmotor
Hubraum	2120 ccm
Leistung kw/PS	30/38
Leistungsgewicht	11,5 PS/t
Höchstgeschw.	33,5 km/h (Straße)
Kraftstoffvorrat	56 l
Fahrbereich	125 km (Straße), 60 km (Gelände)
Besatzung	2
Bewaffnung	keine
Panzerung	9 mm
Furttiefe	0,4 m

Im Einsatz zog der Renault UE (auch Chenilette genannt) häufig einen Anhänger mit Kettenlaufwerk.

Lorraine 37L und 38L

Typ	gepanzerter Nachschub- und Mannschaftstransporter (Daten für 37L)
Hersteller	Lorraine und Fouga
Gefechtsgewicht	6050 kg
Länge	4200 mm
Breite	1570 mm
Höhe	1250 mm (Oberkante Wanne)
Motor	Delahaye 135 oder 103 TT, 6-Zylinder-Benzinmotor
Hubraum	3556 ccm
Leistung kw/PS	51,5/70
Leistungsgewicht	11,6 PS/t
Höchstgeschw.	35 km/h (Straße)
Kraftstoffvorrat	112,5 l
Fahrbereich	135 km (Straße)
Besatzung	2
Bewaffnung	keine
Panzerung	6 – 12 mm
Furttiefe	0,7 m

Erste Prototypen des Lorraine 37L wurden 1937 fertiggestellt, ab Anfang 1939 wurde er als Versorgungsfahrzeug für Panzereinheiten in Serie gebaut. Die Besatzung saß im Bug, in der Mitte befand sich der Motorraum und im Heck ein relativ großer Laderaum. Wie beim Renault UE war es möglich, die Ladefläche durch Kippen zu entladen, ohne das Fahrzeug verlassen zu müssen. Der 37L verfügte zudem über einen gepanzerten Anhänger, mit dem auch Treibstoff transportiert werden konnte. Die Nutzlast betrug insgesamt 1500 kg, davon 810 kg im Laderaum und 690 kg im Anhänger.

Die Weiterentwicklung 38L besaß am Heck einen gepanzerten Aufbau und konnte so auch als Mannschaftstransporter eingesetzt werden. In dieser Rolle fanden bis zu zehn Mann (vier im Aufbau, sechs in einem gepanzerten Anhänger) Platz. Das Modell 39L bot acht Mann im Panzeraufbau Platz, kam aber wie Versuchmodelle zur Panzerjagd oder als Befehlsfahrzeug über das Prototypenstadium nicht hinaus. Bis zur Niederlage Frankreichs wurden rund 480 37L und 150 38L produziert. Auch nach dem Waffenstillstand lief die Produktion der beiden Lorraine Modelle im unbesetzten Teil Frankreichs weiter. Bis November 1942 wurde so noch einmal in etwa 150 Fahrzeuge gebaut. Die Wehrmacht schuf aus erbeuteten Fahrzeugen eine ganze Anzahl von Selbstfahrlafetten, wie z.B. den Panzerjäger Marder I.

Ein Lorraine 37L bei einer Parade zu Beginn des Krieges.

AMR33 Renault VM

Typ	leichter Panzerkampfwagen
Hersteller	Renault
Gefechtsgewicht	5500 kg
Länge	3500 mm
Breite	1640 mm
Höhe	1730 mm
Motor	Reinastella 8-Zylinder-Benzinmotor
Hubraum	k.A
Leistung kw/PS	63/84
Leistungsgewicht	15,3 PS/t
Höchstgeschw.	60 km/h (Straße), 45 km/h (Gelände)
Kraftstoffvorrat	128 l
Fahrbereich	200 km (Straße)
Besatzung	2
Bewaffnung	1 x 7,5-mm-MG MAC31
Panzerung	5 – 13 mm
Furttiefe	0,5 m

Entgegen seiner Bezeichnung AMR (»Automitrailleuse de Cavalerie type Reconnaissance«) war dieser Panzer nicht als Aufklärungsfahrzeug, sondern als leichter Kampfwagen der Kavallerietruppe vorgesehen. Renault begann Anfang 1932 mit den Konstruktionsarbeiten am werksintern VM genannten Modell, die ersten Prototypen wurden im Herbst des selben Jahres vorgestellt und bei Manövern erprobt. Doch erst nach Verbesserungen an der Aufhängung des Laufwerks, dem Einbau größerer Treibstofftanks und einer Verstärkung der Panzerung war die französische Armee im Juni 1933 bereit, einen ersten Auftrag über 45 Fahrzeuge zu erteilen, insgesamt verließen bis 1935 123 AMR33 die Werkshallen von Renault. Im Einsatz erwiesen sich die Fahrzeuge zwar als sehr agil, der Motor war jedoch zugleich ungemein laut und wenig zuverlässig. Zudem tendierte die Fahrwerksaufhängung im Gelände zu Brüchen. Der zweiköpfigen Besatzung (Fahrer und Kommandant/Schütze) stand nur ein einziges 7,5-mm-MG im Drehturm zur Verfügung, ein Funkgerät gab es nicht. Während der Kämpfe im Mai und Juni 1940 zeigte sich, dass die AMR aufgrund ihrer dünnen, genieteten Panzerung und unzulänglichen Bewaffnung nur einen geringen Kampfwert besaßen.

AMR33 Prototyp bei Testfahrten 1933.

AMR35 Renault ZT

Der ab 1934 entwickelte AMR35 war eine Weiterentwicklung des AMR33 mit einer verbesserten Laufwerksaufhängung, einem neuen Motor und leicht verstärkter seitlicher Panzerung. Renault baute ab 1936 fünf unterschiedliche Modelle des AMR35. Die Ausführung ZT1 war die meistgebaute Version (167 Exemplare) und besaß einen Drehturm mit einem 7,5-mm oder 13,2-mm-MG. Das Modell ZT2 verfügte über eine 2,5-cm-Kanone SA34 in einem neuen Drehturm, beim Typ ZT3 befand sich diese Waffe in der Wanne. Von beiden Ausführungen, die vor allem als Unterstützungsfahrzeug für die leicht bewaffneten ZT1 dienen sollten, wurden nur je zehn Stück hergestellt. Die 47 gebauten ZT4 waren für den Dienst in den Kolonien vorgesehen, hatten jedoch aufgrund von finanziellen Problemen bis zum Beginn des Frankreichfeldzuges noch keine Drehtürme erhalten. Zusätzlich entstanden noch 13 Befehlswagen mit Funkanlage (ADF 1). Auch die verschiedenen Versionen des AMR35 bewährten sich im Kampf nicht.

Typ	leichter Panzerkampfwagen (Daten für ZT1)
Hersteller	Renault
Gefechtsgewicht	6500 kg
Länge	4250 mm
Breite	1750 mm
Höhe	1800 mm
Motor	Renault 4-Zylinder-Benzinmotor
Hubraum	5881
Leistung kw/PS	63/84
Leistungsgewicht	12,9 PS/t
Höchstgeschw,	60 km/h (Straße), 35 km/h (Gelänce)
Kraftstoffvorrat	130 l
Fahrbereich	200 km (Straße)
Besatzung	2
Bewaffnung	1 x 7,5-mm-MG MAC31 oder 1 x 13,2-mm-Hotchkiss-MG
Panzerung	5 – 13 mm
Furttiefe	0,5 m

Die Wehrmacht nutzte sowohl erbeutete AMR33 als auch AMR35 und baute einige AMR35 zu Mörserträgern um.

AMR35 bei einer Parade in Paris im Jahre 1939.

AMC Schneider P 16

Die Entwicklung dieses gepanzerten Halbkettenfahrzeugs hatte bei Citroen bereits 1924 begonnen, doch erst 1930 wurden die ersten Serienmodelle gefertigt. Die Endmontage der bis 1931 hergestellten 100 AMC P 16 übernahm der Rüstungskonzern Schneider.
Das Laufwerk war vom Typ Citroën-Hinstin-Kégresse und verwendete eine stahlverstärkte, einteilige Gummikette. Die dreiköpfige Besatzung bestand aus Fahrer, Kommandant/Schütze und Heckfahrer. Im Turm befanden sich eine 3,7-cm-Kanone sowie ein koaxiales 7,5-mm-MG für die 100 bzw. 3000 Schuss vorhanden waren. Der AMC P 16 wurde zunächst ausnahmslos von französischen Kavallerieverbänden als Kampfwagen eingesetzt, da man Vollkettenfahrzeuge zu jener Zeit als zu langsam und schwerfällig für diese Art des Einsatzes ansah. Ab 1937 kamen die meisten AMC P 16 jedoch als Aufklärungsfahrzeuge zu den leichten Divisionen und der mechanisierten Infanterie. Während des Westfeldzuges 1940 fiel ein Großteil dieser Panzerwagen aufgrund mechanischer Defekte aus.

Typ	leichtes Kampf- und Aufklärungsfahrzeug
Hersteller	Schneider
Gefechtsgewicht	6800kg
Länge	4830 mm
Breite	2600 mm
Höhe	1750 mm
Motor	Panhard 17 4-Zylinder-Benzinmotor
Hubraum	k.A
Leistung kw/PS	44/60
Leistungsgewicht	8,8 PS/t
Höchstgeschw.	50 km/h (Straße)
Kraftstoffvorrat	125 l
Fahrbereich	250 km (Straße)
Besatzung	3
Bewaffnung	1 x 3,7-cm-Kanone SA16, 1 x 7,5-mm-MG MAC31
Panzerung	max. 11,5 mm
Furttiefe	0,4 m

Oben: Eine große, frei drehbare Walze am Bug sollte das Festfahren des AMC im Gelände verhindern.

Links: Viele AMC P16 waren 1940 mechanisch schon völlig verschlissen und blieben daher mit Pannen liegen.

AMC35 Renault ACG-1

Typ	leichter Panzerkampfwagen
Hersteller	Renault
Gefechtsgewicht	14 500 kg
Länge	4572 mm
Breite	2235 mm
Höhe	2336 mm
Motor	Renault 4-Zylinder-Benzinmotor
Hubraum	11 080 ccm
Leistung kw/PS	132/180
Leistungsgewicht	12,4 PS/t
Höchstgeschw.	42 km/h (Straße), 35 km/h (Gelände)
Kraftstoffvorrat	300 l
Fahrbereich	160 km (Straße)
Besatzung	3
Bewaffnung	1 x 4,7-cm-Kanone SA35 L/32, 1 x 7,5-mm-MG MAC31
Panzerung	max. 25 mm
Furttiefe	1 m

Der AMC35 war ein weiteres Kampffahrzeug, das in den dreißiger Jahren für die französische Kavallerietruppe entwickelt wurde. Entgegen früheren Entwürfen sollte der AMC 35 stärker gepanzert und bewaffnet sein und zugleich den Anforderungen der Kavallerie nach einem beweglichen und schnellen Panzer genügen. Renault war jedoch nicht in der Lage, diese Anforderungen miteinander in Einklang zu bringen. Obwohl das Gewicht auf 14 500 kg anstieg, war die max. 25 mm starke genietete Panzerung weit davon entfernt, beschusssicher zu sein. Motor, Getriebe und Aufhängung erwiesen sich als unzuverlässig und die Reichweite im Gelände war mangelhaft. Obwohl zunächst 2,5-cm-Pak zum Einbau kommen sollten, mussten schließlich 4,7-cm-Kanonen geringerer Durchschlagskraft verwendet werden, da die Pak nicht in ausreichender Zahl zur Verfügung stand.
Einziger Vorteil des AMC35 war, dass der Kommandant durch den zweiten Mann im Drehturm nicht wie bei anderen französischen Panzern zugleich auch noch als Lade- und Richtschütze fungieren musste. Von Ende 1938 bis Anfang 1940 wurden insgesamt nur 57 AMC35 gebaut, von denen zehn von Belgien angekauft und dort mit anderen Türmen versehen wurden.

Der AMC 35 war 1940 der einzige französische Panzer, der einen Zwei-Mann-Turm besaß.

Renault FT17

Typ	leichter Panzerkampfwagen zur Infanterieunterstützung
Hersteller	Renault, Berliet, SOMUA, Delauney-Belleville
Gefechtsgewicht	7000 kg
Länge	4100 mm
Breite	1740 mm
Höhe	2300 mm
Motor	Renault 4-Zylinder-Benzinmotor
Hubraum	4500 ccm
Leistung kw/PS	26/35
Leistungsgewicht	5 PS/t
Höchstgeschw.	7,5 km/h (Straße)
Kraftstoffvorrat	85 l
Fahrbereich	60 km (Straße), 35 km (Gelände)
Besatzung	2
Bewaffnung	1 x 3,7-cm-Kanone SA18 L/21 oder 1 x 7,5-mm-MG MAC31
Panzerung	6 – 16 mm
Furttiefe	0,5 m

Die Entwicklung des FT17, von dem bis November 1918 über 3000 Stück gebaut wurden, begann bereits 1916. Obwohl das Fahrzeug im Grunde nur eine Kiste aus genieteten Panzerblechen auf einem ungefederten Laufwerk mit viel zu schwachem Motor war, stellte der FT17 doch eine Revolution im Panzerbau dar. Als erster Panzer verfügte er über einen 360° schwenkbaren Turm und seine Auslegung (Fahrer vorn, Turm mittig, Motor im Heck) wurde weltweit zum Standard. Die Bewaffnung des FT17 bestand ursprünglich aus einem 8-mm-MG oder einer 3,7-cm-Kanone, nach dem Ersten Weltkrieg entstanden zudem zahlreiche Varianten. Die häufigste Version war der FT17 M1931 mit einem 7,5-mm-MG vom Typ Reibel MAC31. Auch im Mai 1940 waren noch rund 2700 dieser Panzer im französischen Inventar zu finden, davon rund 500 bei Frontverbänden. Der Rest diente bei Ausbildungseinheiten oder als Reserve. FT17 wurden nach 1918 in zahlreiche Staaten exportiert, weshalb dieser Typ auch von Polen, Belgien und Jugoslawien gegen die Wehrmacht in den Kampf geschickt wurde. China verwendete FT17 gegen die japanische Armee. Erbeute FT17 wurden in großer Zahl von deutschen Streitkräften für Sicherungsaufgaben eingesetzt.

(NARA, via Conseil Régional de Basse-Normandie)

Ein mit einem 7,5-mm-MG bewaffneter FT17 Modèle 1931 des französischen 66ème Bataillon de Chars de Combat (66. Panzerbat.), im Juni 1940 von der Wehrmacht erbeutet.

Char leger R35 Renault VM

Typ	leichter Panzerkampfwagen zur Infanterieunterstützung
Hersteller	Renault
Gefechtsgewicht	9800 kg
Länge	4020 mm
Breite	1850 mm
Höhe	2100 mm
Motor	Renault 447, 4-Zylinder-Benzinmotor
Hubraum	5878 ccm
Leistung kw/PS	60/82
Leistungsgewicht	8,4 PS/t
Höchstgeschw.	20 km/h (Straße)
Kraftstoffvorrat	168 l
Fahrbereich	138 km (Straße), 80 km (Gelände)
Besatzung	2
Bewaffnung	1 x 3,7-cm-Kanone SA18 L/21 und 1 x 7,5-mm-MG MAC31 koaxial
Panzerung	14 – 45 mm
Furttiefe	0,5 m

Der R35 war als Nachfolger des FT17 konzipiert. Vom Anlauf der Serienproduktion Mitte 1935 bis zum 1. Juni 1940 stellte Renault für die französische Armee rund 1350 R35 her. Wie sein Vorgänger, der FT17, so war auch der R35 vor allem zur Infanterieunterstützung vorgesehen. Die Wanne war für damalige Verhältnisse respektabel gepanzert (bis zu 40 mm im Frontbereich) und bestand aus verschraubten Gussteilen, doch wie bei fast allen französischen Panzern jener Zeit, befand sich der Kommandant allein im Turm und die kurze 3,7-cm-Kanone SA18 war im Einsatz gegen andere Panzer praktisch nutzlos. Einige R35 wurden daher mit einer längeren 3,7-cm-Kanone SA38 L/33 ausgestattet. Die ersten Exemplare waren noch ohne Funkausrüstung, diese wurde erst später in diese eingeführt. Der Turm des R35 ist mit dem des H35 identisch. Für seine Rolle als Fahrzeug zur Infanterieunterstützung war der R35 durchaus geeignet, doch waren die Tage dieser Art der Kriegsführung 1940 vorbei. Auch Polen und Jugoslawien kauften R35 (50 bzw. 54 Stück) und setzten diese gegen die deutschen Invasoren ein. Zahlreiche R35 wurden von den deutschen Truppen erbeutet und für eigene Zwecke genutzt.

Ein Wehrmachtssoldat inspiziert im Mai/Juni 1940 einen erbeuteten R35.

Char leger R40 Renault VM

Typ	leichter Panzerkampfwagen zur Infanterieunterstützung
Hersteller	Renault
Gefechtsgewicht	10 500 kg
Länge	4020 mm
Breite	1870 mm
Höhe	2130 mm
Motor	Renault 447, 4-Zylinder-Benzinmotor
Hubraum	5878 ccm
Leistung kw/PS	60/82
Leistungsgewicht	7,8 PS/t
Höchstgeschw.	20 km/h (Straße)
Kraftstoffvorrat	168 l
Fahrbereich	130 km (Straße), 80 km (Gelände)
Besatzung	2
Bewaffnung	1 x 3,7-cm-Kanone SA38 L/33 und 1 x 7,5-mm-MG MAC31 koaxial
Panzerung	14 – 58 mm
Furttiefe	0,5 m

Das Laufwerk des R35 erwies sich im Einsatz als weniger zuverlässig und leistungsfähig als erwartet, daher begannen bei AMX (Atelier de Construction des Moulineaux – ab Ende 1936 Name der verstaatlichten Rüstungsabteilung des Renault-Konzerns) bereits 1937 Arbeiten an einem verbesserten Typ. Nach zahlreichen Versuchen wurde im Februar 1939 eine neue Aufhängung vorgestellt, die aus zwölf kleinen Laufrollen mit vertikalen Schraubenfedern bestand und mit 8 mm starken Panzerschürzen verkleidet war. Als weitere Modifikationen waren eine verstärkte Panzerung, eine leistungsfähigere 3,7-cm-Kanone SA38 L/33 in einem neuen, gegossenen Turm vom Typ APX-R1 und der serienmäßige Einbau eines Funkgerätes vorgesehen. Der Bau dieser offiziell zunächst R35 modifié 1939 genannten Version verzögerte sich jedoch bis zum Frühjahr 1940, sodass bis zur Niederlage Frankreichs nur noch rund 120 Fahrzeuge ausgeliefert wurden, die nun die Bezeichnung R40 (auch AMX40) trugen. Über die genau Zahl der noch produzierten Panzer gibt es aufgrund der chaotischen Verhältnisse im Mai und Juni 1940 keine verlässlichen Angaben.

Obwohl der R40 eine deutliche Verbesserung gegenüber dem R35 darstellte, ging der Typ erst kurz vor der französischen Niederlage in Produktion und hatte keinen Einfluss mehr auf den Verlauf des Krieges.

Char leger H35 Hotchkiss

Der H35 entstand aufgrund der gleichen Ausschreibung für einen Infanteriepanzer wie der R35. Die Infanterie lehnte das Fahrzeug allerdings aufgrund seiner schlechten Mobilität ab. Der H35 verfügte bei 11,5 t Gewicht nur über einen 75 PS Motor. Ironischerweise zeigte jedoch die Kavallerie Interesse, sodass der Panzer dort in Dienst gestellt wurde. Rund 400 H35 wurden bis 1938 gebaut, dann stellte man die Produktion auf das verbesserte Modell H35 modifié 39 um, das eine leicht veränderte Wanne und eine erhöhte Motorleistung von 120 PS hatte, die eine Geschwindigkeit von 36,5 km/h ermöglichte. Diese Version wurde bei Hotchkiss intern H38 Serie D genannt, weshalb oft auch die Bezeichnungen H35 für die ältere Version und H38 bzw. H39 für das verbesserte Modell verwendet werden. Ab Anfang 1940 wurde die 3,7-cm-Kanone SA18 durch die leistungsstärkere SA34 gleichen Kalibers ersetzt, zusätzlich wurden einige ältere Panzer nachgerüstet. Insgesamt baute Hotchkiss bis Juni 1940 1080 H35 aller Versionen. Fahrzeuge dieser Baureihe wurden in großer Zahl von der Wehrmacht erbeutet und vielfältig eingesetzt.

Typ	leichter Panzerkampfwagen zur Infanterieunterstützung (Daten für H35 modifié 39)
Hersteller	Hotchkiss
Gefechtsgewicht	12 000 kg
Länge	4220 mm
Breite	1850 mm
Höhe	2140 mm
Motor	Hotchkiss 6L6, 6-Zylinder-Benzinmotor
Hubraum	5976 ccm
Leistung kw/PS	88/120
Leistungsgewicht	9,1 PS/t
Höchstgeschw.	36,5 km/h (Straße), 16 km/h (Gelände)
Kraftstoffvorrat	207 l
Fahrbereich	150 km (Straße), 90 km (Gelände)
Besatzung	2
Bewaffnung	1 x 3,7-cm-Kanone SA18 L/21 oder SA34 L/33 und 1 x 7,5-mm-MG MAC 31 koaxial
Panzerung	14 – 45 mm
Furttiefe	0,5 m

Oben: Ein verlassener H35, Frankreich Mai/Juni 1940. Man beachte die weit geöffnete Fahrerluke am Bug.

H35 modifié 39 (H39) mit der längeren Kanone SA34.
(Vincent Bourguignon)

Char leger FCM 36

Zu einer Zeit, als die meisten anderen Panzer über eine genietete oder gegossene Panzerung sowie einen Benzinmotor verfügten, war der FCM 36 mit seiner geschweißten Bauweise und einem Dieseltriebwerk seiner Zeit voraus. Auch die günstig geformte, bis zu 40 mm starke Panzerung war Mitte der 1930er Jahre richtungsweisend. Leider war die französische Armee der Ansicht, dass zwei Mann Besatzung und eine veraltete, gegen andere Panzer praktisch wirkungslose 3,7-cm-Kanone für ihre leichten Panzer zur Infanterieunterstützung ausreichten. Auch ein Funkgerät wurde nicht als notwendig erachtet. Die Entwicklung des FCM 36 hatte bereits 1933 begonnen, im April 1935 wurde der erste Prototyp fertiggestellt. Die Serienfertigung des Panzers lief jedoch erst im Mai 1938 an und bis März 1939 wurden nur 100 Exemplare gebaut, da der Stückpreis eines FCM 36 wesentlich höher als der eines R35 oder H35 lag. Obwohl die mit dem FCM 36 ausgerüsteten Einheiten verbissen versuchten, den Vormarsch der Wehrmacht aufzuhalten, verhinderte ihre unzulängliche Bewaffnung irgendwelche Erfolge.

Typ	leichter Panzerkampfwagen zur Infanterieunterstützung
Hersteller	Forges et Chantiers de la Méditerranée (FCM)
Gefechtsgewicht	12 350 kg
Länge	4460 mm
Breite	2140 mm
Höhe	2200 mm
Motor	Berliet MDP 4-Zylinder-Dieselmotor
Hubraum	8490 ccm
Leistung kw/PS	67/91
Leistungsgewicht	7,4 PS/t
Höchstgeschw.	24 km/h (Straße)
Kraftstoffvorrat	260 l
Fahrbereich	230 km (Straße), 140 km (Gelände)
Besatzung	2
Bewaffnung	1 x 3,7-cm-Kanone SA18 L/21, 1 x 7,5-mm-MG MAC 31
Panzerung	max. 40 mm
Furttiefe	0,7 m

Prototyp des FMC36, die Serienversion war mit einem anderen Turm ausgerüstet.

Char D1 Renault

Typ	mittlerer Panzerkampfwagen
Hersteller	Renault
Gefechtsgewicht	14 000 kg
Länge	5760 mm
Breite	2160 mm
Höhe	2400 mm
Motor	Renault 4-Zylinder-Benzinmotor
Hubraum	6080 ccm
Leistung kw/PS	54/74
Leistungsgewicht	5,3 PS/t
Höchstgeschw.t	18 km/h (Straße)
Kraftstoffvorrat	k.A
Fahrbereich	90 km (Straße)
Besatzung	3
Bewaffnung	1 x 4,7-cm-Kanone SA34 L/27, 2 x 7,5-mm-MG MAC 31
Panzerung	10 – 40 mm
Furttiefe	0,9 m

Der Char D1 entstand aufgrund eines Auftrages der französischen Armee zur Entwicklung eines modernen, leichten Panzers zur Infanterieunterstützung. Zwischen 1931 und 1935 stellte Renault 10 Vorserien- und 150 Serienexemplare her. Zunächst waren die D1 mit alten FT17 Türmen ausgerüstet. Erst 1936 kamen neue ST2-Türme mit einer 4,7-cm-Kanone und einem koaxialen 7,5-mm-MG zum Einbau, die aus dem D1 einen mittleren Panzer machten. In der Wanne befand sich ein weiteres MG, das vom Fahrer bedient wurde. Der Funker saß ebenfalls in der Wanne und reichte die dort gelagerte Munition an den allein im Turm befindlichen Kommandanten weiter. Die auf dem Heck angebrachte starre Antenne war recht massiv, wodurch sie das Richtfeld des Turmes auf 345° beschränkte. Im Einsatz erwies sich der D1 als mechanisch überaus unzuverlässig und untermotorisiert, weshalb bereits 1937 entschieden wurde, die Panzer für Sicherungsaufgaben in Tunesien (damals französische Kolonie) einzusetzen.

Erst aufgrund der bedrohlichen Lage im Mai 1940 wurden 43 D1 zurück nach Frankreich gebracht. Die in Nordafrika verbliebenen D1 nahmen Ende 1942/Anfang 1943 noch an Kämpfen gegen das Afrikakorps teil.

Das Gestell am Heck dieses D1 sollte die Grabenüberschreitfähigkeit verbessern und fand sich recht häufig an französischen Panzern jener Tage. (Martin Spurny)

Char D2 Renault

Typ	mittlerer Panzerkampfwagen
Hersteller	Renault
Gefechtsgewicht	19 750 kg
Länge	5460 mm
Breite	2220 mm
Höhe	2660 mm
Motor	Renault 4-Zylinder-Benzinmotor
Hubraum	9500 ccm
Leistung kw/PS	110/150
Leistungsgewicht	7,6 PS/t
Höchstgeschw.	22 km/h (Straße)
Kraftstoffvorrat	352 l
Fahrbereich	100 km (Straße)
Besatzung	3
Bewaffnung	1 x 4,7-cm-Kanone SA34 L/27 oder SA35 L/32, 2 x 7,5-mm-MG
Panzerung	10 – 40 mm
Furttiefe	k.A.

Noch während die Entwicklung des D1 lief, begannen 1930 bei Renault die Konstruktionsarbeiten für einen Nachfolger. Neben einem leistungsfähigeren Motor sollte das Fahrzeug auch einen besseren Schutz erhalten, ohne wesentlich schwerer als der D1 zu werden, weshalb die Panzerung nicht mehr genietet sondern geschweißt wurde. Eine erste Serie von 50 D2 wurde 1936-37 ausgeliefert, und obwohl ein neuer Ein-Mann-Turm (APX-1) zum Einbau kam, blieb die Bewaffnung gegenüber dem D1 unverändert. Ein zweites Los von 50 Fahrzeugen, das 1938 geordert und Anfang 1940 ausgeliefert wurde, war mit einem neuen Turm (APX-4) und einer stärkeren 4,7-cm-Kanone vom Typ SA35 ausgerüstet, die wesentlich bessere Leistungen gegen feindliche Panzer erbrachte. Zusätzliche Detailänderungen betrafen Laufwerk, Anlasser und Antenne. Obwohl eigentlich geplant war die D2 der ersten Serie zu Flammpanzern umzurüsten, wurde eine Reihe dieser Fahrzeuge mit der SA35-Kanone ausgestattet.
Die mechanische Unzuverlässigkeit der Fahrzeuge beider Lose beeinträchtigte ihren Kampfwert erheblich, weshalb sie im Mai und Juni 1940 keine nennenswerte Rolle spielen konnten.

Wie der D1 litt auch der D2 an massiven mechanischen Problemen.

Char S35 SOMUA

Der S35 war 1940 sicher der beste französische Panzer, vielleicht sogar der beste Panzer jener Zeit. 1935 entschied sich die französische Kavallerie auf ihrer Suche nach einem neuen mittleren Kampfpanzer für den Prototypen der Firma SOMUA (Société d'Outillage Mécanique et d'Usinage d'Artillerie), die 1936 die ersten Serienexemplare lieferte. Die bis zu 35 mm stark gepanzerte Wanne des Fahrzeugs bestand aus drei Gussstahlteilen, die miteinander verschraubt wurden. Fahrer und Funker saßen vorn im Bug, der Kommandant allein im bis zu 55 mm stark gepanzerten Turm (der auch für den Char B 1 bis verwendet wurde) und musste dort die Waffen richten, abfeuern und das Fahrzeug führen. 1940 entstand eine verbesserte Version mit 220 PS Motor (S40), die jedoch nur in wenigen Exemplaren gebaut wurde, sowie der Prototyp eines Sturmgeschützes mit einer 7,5-cm-Kanone in der Wanne.
Die französische Niederlage führte zur Einstellung dieses Experiments. Bis zum Ende des Frankreichfeldzuges verließen 427 S35 die Werkshallen von SOMUA.

Typ	mittlerer Panzerkampfwagen
Hersteller	SOMUA
Gefechtsgewicht	19 500 kg
Länge	5380 mm
Breite	2120 mm
Höhe	2640 mm
Motor	SOMUA, 8-Zylinder-Benzinmotor
Hubraum	12 700 ccm
Leistung kw/PS	140/190
Leistungsgewicht	9,7 PS/t
Höchstgeschw.	45 km/h (Straße), 37 km/h (Gelände)
Kraftstoffvorrat	410 l
Fahrbereich	230 km (Straße), 130 km (Gelände)
Besatzung	3
Bewaffnung	1 x 4,7-cm-Kanone SA35 L/32 und 1 x 7,5-mm-MG MAC31 koaxial
Panzerung	max. 55 mm
Furttiefe	0,7 m

Die Wehrmacht übernahm 297 davon als PzKpfw. 35 S (f) und setzte sie meist auf Nebenkriegsschauplätzen ein.

Halbfront- und Heckansicht eines S35.

Char 2C FCM

Typ	schwerer Panzerkampfwagen
Hersteller	FCM
Gefechtsgewicht	70 000 kg
Länge	10 270 mm
Breite	2950 mm
Höhe	4010 mm
Motor	2 x Maybach 6-Zylinder-Benzinmotoren
Hubraum	je 16 950 ccm
Leistung kw/PS	zusammen 368/500
Leistungsgewicht	7,5 PS/t
Höchstgeschw.	12 km/h (Straße), 8 km/h (Gelände)
Kraftstoffvorrat	1260 l
Fahrbereich	150 km (Straße)
Besatzung	12
Bewaffnung	1 x 7,5-cm-Kanone APX 1898 und 4 x 8-mm-MG
Panzerung	max. 45 mm
Furttiefe	1,4 m

Der FCM 2C war zu seiner Zeit der schwerste je gebaute Kampfwagen und hält im Bezug auf die Abmessungen auch heute noch den Rekord für den größten je operativ eingesetzten Panzer. FCM baute zwischen 1920 und 1922 nur zehn dieser 1917/18 entworfenen schweren Durchbruchspanzer (»Char de Rupture«). Die Bewaffnung bestand aus nicht weniger als vier 8-mm-MG, davon eines in einem Heckturm, zwei seitlich und eines vorn in der Wanne, sowie einer 7,5-cm-Kanone im Drei-Mann-Drehturm. Der Antrieb erfolgte mit Hilfe zweier Maybach-Motoren benzin-elektrisch, jede Kette verfügte dabei über ihren eigenen Antriebsstrang. Um das Fahrzeug und seine Bewaffnung zu bedienen, waren zwölf Mann Besatzung nötig. Ursprünglich für die Endphase des Ersten Weltkrieges gedacht, waren die Fahrzeuge 1940 zwar einsatzbereit, jedoch völlig veraltet. Ihre riesige Silhouette und langsame Geschwindigkeit machten sie zu erstklassigen Zielscheiben, vor allem für Luftangriffe. Daher setzte die französische Armee die 2C auch nicht aktiv im Kampf, sondern nur zu Propagandazwecken ein. Um die Fahrzeuge nicht in die Hand des Feindes fallen zu lassen, wurden neun 2C von ihren eigenen Besatzungen gesprengt, beim zehnten gelang dies nicht mehr. Dieses »Champagne« genannte Fahrzeug wurde von der Wehrmacht erbeutet.

Die Größe des FCM 2C wird in Relation zu seiner Besatzung gut deutlich.

Char B1 *bis* Renault

Typ	schwerer Panzerkampfwagen
Hersteller	Renault, Schneider, FCM, AMX, FAMH
Gefechtsgewicht	31 500 kg
Länge	6370 mm
Breite	2500 mm
Höhe	2790 mm
Motor	Renault 307, 6-Zylinder-Benzimotor
Hubraum	16 500 ccm
Leistung kw/PS	221/300
Leistungsgewicht	9,5 PS/t
Höchstgeschw.	25 km/h (Straße)
Kraftstoffvorrat	400 l
Fahrbereich	140 km (Straße), 100 km (Gelände)
Besatzung	5
Bewaffnung	1 x 7,5-cm-Kanone L/17, 1 x 4,7-cm-Kanonen SA35 L/32, 3 x 7,5-mm-MG MAC31
Panzerung	max. 60 mm
Furttiefe	0,7 m

Dieses Fahrzeug war der schwerste und bestgeschützte Panzer auf den Schlachtfeldern des Jahres 1940. Seine Panzerung von bis zu 60 mm konnte von den meisten deutschen Pak oder Panzerkanonen nicht durchschlagen werden. Einzig die 8,8-cm-Flak war fähig, den Char B1 bis zu bezwingen. Die Ursprünge des Fahrzeugs gehen auf die späten 1920er Jahre zurück, als die französische Armee einen neuen schweren Panzer in Auftrag gab. Die ersten Vorserienfahrzeuge (Char B) waren mit einer starr eingebauten, kurzläufigen 7,5-cm-Kanone L/17, einem Zwillings-MG in der Wanne und einem weiteren Zwillings-MG in einem kleinen Drehturm ausgerüstet. Die Produktionsmodelle (Char B1) verfügten über einen neuen Turm mit einer 4,7-cm-Kanone SA34.

Nach nur 35 Exemplaren wurde die Fertigung im April 1937 auf die Version B1 *bis* umgestellt, die einen stärkeren Motor, eine stärkere Panzerung und einen neuen Turm mit einer leistungsfähigeren 4,7-cm-Kanone SA35 erhielt. Bis Juni 1940 wurden 369 Panzer dieses Typs gebaut.

Der Char B1 *ter* war noch stärker gepanzert und vermochte die Hauptwaffe 5° nach links oder rechts zu schwenken, von diesem Modell wurde jedoch nur noch ein Prototyp fertiggestellt. Auch die Wehrmacht setzte erbeute Exemplare unter der Bezeichnung PzKpfw. B 1 bzw. B 2 (f) ein.

B1 bis mit dem Namen Téméraire in der Kaserne von Mourmelon-le-Grand, Frankreich.

Daimler Scout Car Dingo

Typ	leichter Panzerspähwagen
Hersteller	Daimler
Gefechtsgewicht	3000kg
Länge	3180 mm
Breite	1710 mm
Höhe	1500 mm
Motor	Daimler 6HV 6-Zylinder-Ottomotor
Hubraum	2510 ccm
Leistung kW/PS	41/55
Leistungsgewicht	18,4 PS/t
Höchstgeschw.	88 km/h (Straße)
Kraftstoffvorrat	82 l
Fahrbereich	320 km (Straße)
Besatzung	2
Bewaffnung	1 x 7,7-mm-Bren-MG oder 1 x 14-mm-Boys-Panzerbüchse
Panzerung	max. 30 mm
Furttiefe	1 m

Der Entwurf dieses leichten Spähfahrzeugs entstand 1938 bei BSA, die Produktion erfolgte ab 1939 jedoch bei Daimler. Obwohl der offizielle Name des Wagens Daimler Scout Car lautete, wurde es unter der Bezeichnung Dingo (ironischerweise eigentlich der Name des Konkurrenzentwurfs von Alvis) weitaus bekannter. Der Dingo verfügte über Einzelradaufhängung, ein halbautomatisches Getriebe, schusssichere Bereifung und Allradantrieb. Die ursprünglich vorhandene Allradlenkung gab man bald wieder auf, da diese unerfahrene Fahrer überforderte. Bei Daimler und Humber entstanden bis Kriegsende 6626 Dingo in den leicht unterschiedlichen Modellreihen Mk I bis Mk III. In Kanada baute Ford zusätzlich 3255 Exemplare einer Lynx genannten, etwas größeren und schwereren Variante. Beide Modelle waren mit Funk und einem 7,7-mm-Bren-MG oder einer 14-mm-Boys-Panzerbüchse ausgerüstet.

Sowohl Dingo als auch Lynx erfreuten sich ob ihrer robusten Bauweise und Agilität großer Beliebtheit.

Oben: Dingo bei einer Parade in Bath (England), September 1941.

(Tank Museum)

Links: Dingo im Gelände.

(Tank Museum)

Humber Scout Car

Obwohl Großbritannien mit dem Dingo bereits ein erstklassiges leichtes Spähfahrzeug besaß, war der Bedarf an Wagen dieser Art so groß, dass Daimler die Nachfrage allein nicht decken konnte. Daher erging an den Rootes-Konzern, zu dem auch Humber gehörte, der Auftrag zur Entwicklung eines weiteren mit Funk ausgerüsteten 4x4 Spähwagens. Der Humber-Entwurf ähnelte dem Dingo, war aber etwas größer und schwerer geraten, gewährte allerdings, besonders frontal, weniger Panzerschutz. Obwohl der Wagen drei Mann Platz bot, bestand die Besatzung des Humber in der Regel nur aus zwei Soldaten. Der Panzeraufbau war rundum geschlossen und verfügte im Dach über zwei Schiebeluken. Die Bewaffnung des Humber mutet recht modern an und bestand aus einem auf dem Dach montierten 7,7-mm-Bren-MG, das von innen fernbedient werden konnte. Von 1942 bis 1945 wurden rund 4300 dieser Fahrzeuge in zwei Ausführungen produziert, wobei sich die Versionen Mk I und II vor allem durch ein verändertes Getriebe unterschieden.

Typ	leichter Panzerspähwagen
Hersteller	Humber
Gefechtsgewicht	3400kg
Länge	3840 mm
Breite	1890 mm
Höhe	2110 mm (mit MG)
Motor	Humber 5V 6-Zylinder-Ottomotor
Hubraum	3300 ccm
Leistung kW/PS	65/87
Leistungsgewicht	25,6 PS/t
Höchstgeschw.	100 km/h (Straße)
Kraftstoffvorrat	89 l
Fahrbereich	320 km (Straße)
Besatzung	2
Bewaffnung	1 x 7,7-mm-Bren-MG
Panzerung	max. 14 mm
Furttiefe	1 m

Rechts oben: Ein Humber Spähwagen überquert eine Pionier-Brücke, Dreierwalde (Kreis Steinfurt), 6. bis 8. April 1945. (IWM)

Rechts: Das außen lafettierte, fernbedienbare Bren-MG fehlt bei diesem Humber-Spähwagen. (David Haugh)

Humber Light Reconnaissance Car Ironside

Typ	leichter Panzerspähwagen (Daten für Mk III)
Hersteller	Humber
Gefechtsgewicht	3860 kg
Länge	4370 mm
Breite	1880 mm
Höhe	2160 mm
Motor	Humber 5V 6-Zylinder-Ottomotor
Hubraum	3300 ccm
Leistung kW/PS	65/87
Leistungsgewicht	22,5 PS/t
Höchstgeschw.	80 km/h (Straße)
Kraftstoffvorrat	k.A
Fahrbereich	180 km (Straße)
Besatzung	3
Bewaffnung	1 x 7,7-mm-Bren-MG, 1 x 14-mm-Boys Panzerbüchse
Panzerung	max. 12 mm
Furttiefe	k.A

Neben Panzerwagen, die auf speziellen Fahrgestellen basierten, bauten britische Automobilhersteller auch Fahrzeuge, die von kommerziellen Pkw oder Lkw abgeleitet waren. Dazu gehörte auch dieses Modell, dessen Grundlage eine Luxus-Limousine von Humber, der Super Snipe, war. Das Fahrgestell mit Hinterradantrieb wurde zunächst kaum verändert, lediglich Geländereifen mit Notlaufeigenschaften wurden montiert. Zwischen 1940 und 1943 baute Humber rund 3600 Wagen dieses Typs in vier unterschiedlichen Versionen. Die Ausführung Mk I war oben noch offen, das Modell Mk II verfügte hingegen über einen geschlossenen Kampfraum und einen einfachen MG-Turm. Die ab 1941 gebaute Version Mk III erhielt Allradantrieb und das Schlussmodell (Mk IIIA) war mit zusätzlichen Sehklappen im Frontbereich ausgerüstet. Drei Wagen des Typs Mk I mit einer besonderen Inneneinrichtung wurden von der königlichen Familie und Mitgliedern der britischen Regierung benutzt.

Humber LRC Mk III. (Tank Museum)

Morris Light Reconnaissance Car

Typ	leichter Panzerspähwagen (Daten für Mk II)
Hersteller	Morris
Gefechtsgewicht	3700 kg
Länge	3910 mm
Breite	2030 mm
Höhe	1830 mm
Motor	Morris EK RAC 4-Zylinder-Ottomotor
Hubraum	k.A
Leistung kW/PS	54/72
Leistungsgewicht	19,5 PS/t
Höchstgeschw.	80 km/h (Straße)
Kraftstoffvorrat	63 l
Fahrbereich	235 km (Straße)
Besatzung	3
Bewaffnung	1 x 7,7-mm-Bren-MG, 1 x 14-mm-Boys Panzerbüchse
Panzerung	max. 14 mm
Furttiefe	k.A

Auch dieses Fahrzeug basierte auf einem handelsüblichen Fahrgestell, allerdings verlegte Morris den Motor nach hinten, um im Frontbereich Platz für die dreiköpfige Besatzung zu erhalten, deren Anordnung recht unorthodox war. Der Fahrer saß in der Mitte, rechts von ihm befand sich ein Schütze, der ein Bren-MG in einem kleinen Turm bediente. Auf der linken Seite fand der Funker seinen Platz, der zudem über eine auf dem Dach montierte Boys Panzerbüchse verfügte. Obwohl dieses Arrangement im Kampfraum für drangvolle Enge sorgte, wurde der Morris bis Kriegsende produziert und intensiv eingesetzt. Zwischen 1942 und 1945 wurden rund 2200 dieser Panzerwagen in zwei Versionen hergestellt, deren Hauptunterschiede ein Hinterrad- (MK I) bzw. Allradantrieb (Mk II) und eine veränderte Radaufhängung waren. Ein mit einer 5,7-cm-Pak in der Wanne und einem automatischen Lader ausgerüsteter Prototyp kam über das Versuchsstadium nicht hinaus.

Dieser hervorragend restaurierte Morris LRC befindet sich im Besitz von Ian West, England. (Ian West)

Morris CS9 Light Armoured Car

Typ	leichter Panzerwagen
Hersteller	Morris
Gefechtsgewicht	4268 kg
Länge	4770 mm
Breite	2050 mm
Höhe	2130 mm
Motor	Morris 6-Zylinder-Ottomotor
Hubraum	k.A
Leistung kW/PS	72/96
Leistungsgewicht	22,5 PS/t
Höchstgeschw.	73 km/h (Straße)
Kraftstoffvorrat	114 l
Fahrbereich	380 km (Straße)
Besatzung	4
Bewaffnung	1 x 7,7-mm-Bren-MG und 1 x 14-mm-Boys Panzerbüchse
Panzerung	max. 7 mm
Furttiefe	0,4 m

Dieses Fahrzeug basierte auf einem kommerziellen Morris 4x2 C9 Lkw-Fahrgestell und besaß einen einfachen, genieteten Panzeraufbau mit einer maximalen Stärke von nur 7 mm. Ein erster Prototyp wurde 1935/6 getestet und bis 1938 wurden von der Morris Motor Company insgesamt 99 weitere Exemplare ausgeliefert. Die Besatzung bestand aus vier Mann, von denen zwei in einem oben offenen Drehturm in der Mitte des Wagens saßen und dort ein 7,7-mm-Bren-MG (oder teils auch eine Waffe vom Typ Vickers) und eine 14-mm-Boys Panzerbüchse bedienten. Neben dem Fahrer saß auf der linken Seite der Funker. Die »12th Royal Lancers« setzten im Rahmen des Britischen Expeditionskorps in Frankreich 38 Morris CS9 ein. Sämtliche dieser Fahrzeuge gingen im Mai/Juni 1940 verloren. Weitere 30 Panzerwagen dieses Typs wurden bei den »11th Hussars« in Nordafrika eingesetzt, wo die letzten Wagen noch Ende 1941 verwendet wurden. Insgesamt konnte die schwache Panzerung des Morris CS9 den Kriegsbedingungen nicht genügen, weshalb die Produktion nicht fortgeführt wurde.

Morris CS9 der 12th Royal Lancers, Villiers St. Simon, 29. September 1939. (IWM)

Standard Light Armoured Car Beaverette

Typ	leichter Panzerwagen (Daten für Mk III)
Hersteller	Standard Motor
Gefechtsgewicht	2600 kg
Länge	3100 mm
Breite	1730 mm
Höhe	2160 mm
Motor	Standard 4-Zylinder-Ottomotor
Hubraum	k.A
Leistung kW/PS	34/46
Leistungsgewicht	13,1 PS/t
Höchstgeschw.	38 km/h (Straße)
Kraftstoffvorrat	k.A
Fahrbereich	300 km (Straße)
Besatzung	3
Bewaffnung	1 x 7,7-mm-Bren-MG oder 1 x 7,7-mm Vickers-Zwillings-MG, teils auch 1 x 14-mm-Boys Panzerbüchse
Panzerung	max. 12 mm
Furttiefe	0,4 m

Großbritannien rechnete im Sommer 1940 mit einer deutschen Invasion. Die britischen Expeditionsstreitkräfte hatten all ihre schweren Waffen in Dünkirchen zurücklassen müssen, daher entstanden zahlreiche improvisierte gepanzerte Fahrzeuge, so auch dieses Modell. Der Minister für Luftfahrt Lord Beaverbrook (deshalb Beaverette) beauftrage die Standard Motor Company damit, rasch einen Panzerwagen für den Schutz der Flugfelder der RAF zu bauen. Standard bediente sich eines seiner kommerziellen 4x2 Fahrgestelle und versah es mit einem genieteten Panzeraufbau. Da Panzerplatten knapp waren, bestand der Schutz der Version Mk I im Heckbereich nur aus 7,6 cm dicken Eichenbohlen. Das Modell Mk 2 war jedoch rundum gepanzert, allerdings nach oben hin noch immer offen. Die Ausführung Mk III besaß ein verkürztes Fahrgestell, einen veränderten, oben geschlossenen Panzeraufbau und einen MG-Turm. Die Version Mk IV verfügte über eine neue Frontpartie, um die Sicht nach vorn zu verbessern. Von allen Versionen entstanden bei Standard Motors rund 2800 Exemplare, die bei RAF und Armee zur Heimatverteidigung bzw. Ausbildung verwendet wurden. Das Fahrgestell der Beaverette war jedoch überlastet und der Wagen nur schwer zu steuern.

Standard Beaverette Mk III im RAF-Museum Duxford (England). (Max Smith)

Humber Armoured Car

Typ	Panzerspähwagen (Daten für Mk IV)
Hersteller	Humber
Gefechtsgewicht	7100 kg
Länge	4570 mm
Breite	2180 mm
Höhe	2390 mm
Motor	Rootes 6-Zylinder-Ottomotor
Hubraum	k.A
Leistung kW/PS	66/90
Leistungsgewicht	12,7 PS/t
Höchstgeschw:	72 km/h (Straße)
Kraftstoffvorrat	132 l
Fahrbereich	400 km (Straße)
Besatzung	3
Bewaffnung	1 x 3,7-cm-Kanone M5 oder M6, 1 x 7,92-mm-Besa-MG, teils 1 x 7,7-mm-Bren-Fla-MG
Panzerung	max. 15 mm
Furttiefe	0,75 m

Guy baute 1939 auf dem Fahrgestell seines 4x4 Artillerie-Schleppers 101 Panzerwagen, stellte aber 1940 die Fertigung ein, da das Werk völlig mit der Produktion von Zugmaschinen ausgelastet war. So übernahm der Rootes-Konzern den Entwurf. Karrier, Teil des Konzerns, setzte den Guy-Panzeraufbau auf das Fahrgestell seiner eigenen 4x4 KT-4 Zugmaschine, sodass beide Typen sich äußerlich sehr glichen. Um Verwechselungen mit anderen Typen der britischen Armee (Bren- oder Universal Carrier) zu vermeiden, erhielt das Fahrzeug jedoch den Namen Humber, ebenfalls Teil des Rootes-Konzerns. Von 1941 bis 1945 wurden rund 5600 Humber in vier Versionen gebaut, davon ca. 2000 Exemplare einer leicht veränderten Version bei GM in Kanada (Fox). Die Ausführungen Mk I und MK II unterschieden sich vor allem durch eine veränderte Wannenfront, die Version Mk III erhielt einen neuen Drehturm. Die Bewaffnung bestand bis zum Mk III aus einem 15-mm- und einem 7,92-mm-MG im Turm, ab dem Mk IV kam jedoch eine 3,7-cm-Kanone aus US-Beständen zum Einbau. Eine Fla-Version des Mk I mit einem 7,92-mm-Vierlings-MG bewährte sich nicht.

Der Humber war einer der wichtigsten Panzerwagen der britischen und der Commonwealth Streitkräfte.

Oben: Humber Mk III mit 15-mm-Besa-MG.

(Tank Museum)

Links: Humber Mk IV mit 3,7-cm-Kanone.

(Tank Museum)

Daimler Armoured Car

Typ	Panzerspähwagen
Hersteller	Daimler
Gefechtsgewicht	7610 kg
Länge	3960 mm
Breite	2440 mm
Höhe	2230 mm
Motor	Daimler 6-Zylinder-Ottomotor
Hubraum	4500 ccm
Leistung kW/PS	70/95
Leistungsgewicht	12,5 PS/t
Höchstgeschw.	80 km/h (Straße)
Kraftstoffvorrat	164 l
Fahrbereich	400 km (Straße)
Besatzung	3
Bewaffnung	1 x 2-Pfünder-Kanone (4cm) L/52, 1 x 7,92-mm-Besa-MG, teils 1 x 7,7-mm-Bren-Fla-MG
Panzerung	8 – 16 mm
Furttiefe	0,51 m

Erste Prototypen dieses Panzerwagens wurden bereits 1939 gebaut, allerdings führten Probleme mit dem Getriebe dazu, dass die Serienproduktion erst im April 1941 aufgenommen werden konnte. Dann erwies sich der Daimler jedoch als sehr zuverlässiges und bei seinen Besatzungen beliebtes Fahrzeug. Dieser Typ verfügte über einige innovative Merkmale wie eine selbsttragenden Wanne, Servolenkung, Einzelradaufhängung und ein Vorwahlgetriebe. Bis Kriegsende wurden fast 2700 Exemplare in drei Versionen gebaut. Die Ausführung Mk I erhielt den unveränderten Turm des leichten Panzers Tetrarch mit einer 4-cm-Kanone und koaxialem 7,92-mm-MG. Von einer Nahunterstützungsversion (Mk I CS) mit einer 7,62-cm-Haubitze im Turm wurden nur wenige Exemplare gebaut. Das Modell Mk II besaß einen verbesserten Turm, eine veränderte Fahrerluke und einen anderen Kühler. Einige turmlose Wagen wurden als Kommandofahrzeuge eingesetzt. Gegen Kriegsende kam mitunter der sogenannte Little John Adapter zum Einbau, der das Kaliber des Kanonenrohres zur Mündung hin verringerte. Mit spezieller Munition ließ sich so die Leistung der Waffe steigern.

Daimler Mk II.
(Tank Museum)

AEC Armoured Car

Typ	schwerer Panzerspähwagen (Daten für Mk II)
Hersteller	AEC
Gefechtsgewicht	12700 kg
Länge	5613 mm
Breite	2700 mm
Höhe	2690 mm
Motor	AEC 197 6-Zylinder-Dieselmotor
Hubraum	9600 ccm
Leistung kW/PS	118/158
Leistungsgewicht	12,4 PS/t
Höchstgeschw.	66 km/h (Straße)
Kraftstoffvorrat	173 l
Fahrbereich	400 km (Straße)
Besatzung	4
Bewaffnung	1 x 6-Pfünder-Kanone (5,7 cm), 1 x 7,92-mm-Besa-MG, 1 x 7,7-mm-Bren-Fla-MG
Panzerung	6,35 – 57 mm
Furttiefe	k.A

AEC (Associated Equipment Company) baute 1940 ohne Regierungsauftrag den Prototypen eines schweren Panzerwagens, der zahlreiche Elemente des Fahrgestells des aus dem eigenen Hause stammenden schweren 4x4 Lkw Matador enthielt. Nach anfänglicher Ablehnung durch das Kriegsministerium erhielt AEC im Juni 1941 jedoch den Auftrag zum Bau eines ersten Loses von Fahrzeugen. Diese Mk I genannte Ausführung wurde mit dem Turm des Valentine sowie einer 4-cm-Kanone ausgestattet und lief der Truppe Anfang 1942 zu. Der ab 1943 gebaute Mk II besaß eine veränderte Wanne und einen stärkeren Dieselmotor sowie einen neuen Turm mit einer leistungsfähigeren 5,7-cm-Kanone. Die Ausführung Mk III glich dem Modell Mk II, verfügte jedoch über eine 7,5-cm-Kanone sowie einige Detailänderungen. Sämtliche Ausführungen verfügten zusätzlich über einen 50,8-mm-Grantwerfer sowie ein 7,7-mm-Bren-Fla-MG. Insgesamt wurden von allen drei Versionen 629 Exemplare gebaut. Für Aufklärungseinsätze war der AEC eigentlich zu groß und zu schwer, er bewährte sich jedoch als Feuerunterstützungsfahrzeug für leichtere Spähwagen.

AEC Mk II mit 5,7-cm-Kanone.

(Tank Museum)

AEC Armoured Command Vehicle *Matatdor*

Der britische Hersteller AEC produzierte ab 1941 auf dem Fahrgestell des schweren 4x4 Lkw Matador auch 415 sogenannte »Armoured Command Vehicles« (Kommandopanzerwagen). Diese mit einem großen, kastenartigen Panzeraufbau und umfangreicher Funkausstattung versehenen Fahrzeuge, wurden bei der britischen Armee vor allem von hohen Truppenführern und den Fernmeldern eingesetzt. Aufgrund ihres geräumigen und (für damalige Verhältnisse) komfortablen Innenraumes erhielten sie den Spitznamen Dorchester, nach einem Luxushotel in London. Befehlswagen dieser Art blieben bis Kriegsende im Einsatz. Eine gewisse Berühmtheit erlangte der AEC dadurch, dass auch Rommel und sein Stab zeitweise erbeutete Exemplare einsetzten.
1944 wurde eine vergrößerte, sechsrädrige Version auf der Basis des AEC 0857 Lkw-Fahrgestells entwickelt, die von einem 150 PS Diesel angetrieben wurde. Bis 1945 wurden noch 151 dieser Fahrzeuge hergestellt. Von beiden Varianten existierten LP (Low Power) und HP (High Power) genannte Ausführungen, jeweils abhängig von der vorhandenen Funkausrüstung.

Typ	Kommandopanzerwagen
Hersteller	AEC
Gefechtsgewicht	12 200 kg
Länge	6340 mm
Breite	2360 mm
Höhe	2900 mm
Motor	AEC 187 6-Zylinder-Dieselmotor
Hubraum	5700 ccm
Leistung kW/PS	71/95
Leistungsgewicht	7,8 PS/t
Höchstgeschw.	60 km/h (Straße)
Kraftstoffvorrat	182 l
Fahrbereich	450 km (Straße)
Besatzung	8
Bewaffnung	1 x 7,7-mm-Bren-MG
Panzerung	10 – 12 mm
Furttiefe	k.A

Auch Rommel und sein Stab nutzten erbeutete Befehlsfahrzeuge dieses Typs.
(Tank Museum)

Universal Carrier

Der Universal Carrier war eine Weiterentwicklung der Vickers Carden-Loyd Kleinpanzer des Typs Mk VI der späten 1920er Jahre. Die Idee bei der Konstruktion des Universal Carriers war es, ein Panzerfahrzeug zu schaffen, dass eine MG-Gruppe mitsamt Waffen und Munition heil durch feindliches Infanteriefeuer zu ihrem Einsatzort bringen sollte. Der Aufbau der Fahrzeuge war denkbar einfach. Im Grunde waren diese Fahrzeuge nur oben offene Kästen aus Stahlblech mit einem Motor und einem einfachen Horstmann-Laufwerk, was sie aber auch unverwüstlich und extrem robust machte. Vorn rechts saß der Fahrer mit einem MG-Schützen neben sich. Zwischen beiden war der lärmende Kühlerventilator des Ford-Motors untergebacht, sodass eine Verständigung praktisch unmöglich war. Dahinter befand sich mittig der Motor, zu dessen beiden Seiten sich Abteile für die Nutzlast (Soldaten, Waffen, Munition oder Nachschub) befanden. Gelenkt wurde, indem man die linke bzw. rechte Bremstrommel betätigte. Für kleinere Lenkbewegungen wurden die Laufräder verschoben. 1939 wurden die ersten Universal Carrier bei den britischen Streitkräften in Dienst gestellt. Universal Carrier erwiesen sich als überaus flexibel und wurden zu einer Art »Mädchen für alles« bei den britischen und den Commonwealth Streitkräften. Es gab kaum eine Aufgabe, für die sie nicht herangezogen wurden. Universal Carrier dienten als Artillerieschlepper, gepanzerte Mannschafts-, Nachschub- oder Verwundetentransporter, Späh-, Funk- und Beobachtungsfahrzeuge, sowie als Träger für Granat- oder Flammenwerfer. Da die Wagen oft eine MG-Gruppe mit einem Bren-MG beförderten, wurden sie nicht selten auch als Bren Gun Carrier bezeichnet. Es gab unzählige Prototypen, Umrüstungen und Veränderungen, die teils auch inoffiziell von der Feldtruppe vorgenommen wurden. Zahlreiche Unternehmen in Großbritannien, Australien, Neuseeland und Kanada bauten bis 1945 insgesamt rund 70 000 Fahrzeuge dieses Typs. Zusätzlich entstand in den USA und in Kanada eine leicht

Ein im Mai oder Juni 1940 von deutschen Truppen erbeuteter Universal Carrier ohne Bewaffnung. (WKA)

Oben: Ein in Kanada produzierter Windsor Carrier (erkennbar an den vier Laufrollen) im Nationalen Kriegs- und Widerstandsmuseum Overloon, Niederlande.

Unten: Ein Universal Carrier des Panzermuseums Bovington. (Norman Date)

vergrößerte Version mit vier Laufrädern, die bis zu neun Mann Platz bot. Das US-Modell (T16) wurde in etwa 14 000, die kanadische Ausführung (Windsor Carrier)in rund 5000 Exemplaren gefertigt. Im Zuge des Leih- und Pacht-Abkommens erhielt auch die UdSSR 2656 Universal Carrier.

Typ	leichter Schützenpanzerwagen
Hersteller	Vickers-Armstrong, Ford und zahlreiche weitere Firmen
Gefechtsgewicht	4013 kg
Länge	3750 mm
Breite	2100 mm
Höhe	1600 mm
Motor	Ford 8-Zylinder-Ottomotor
Hubraum	3600 ccm
Leistung kw/PS	63/85
Leistungsgewicht	21,2 PS/t
Höchstgeschw.	51 km/h
Kraftstoffvorrat	91 l
Fahrbereich	260 km (Straße)
Besatzung	2 + 3 oder 4
Bewaffnung	meist 1 x 7,7-mm-Bren oder Vickers-MG und/oder 1 x 14-mm-Boys-Panzerbüchse
Panzerung	7 – 12 mm
Furttiefe	0,5 m

Light Tank Mk VI

Typ	leichter Panzerkampfwagen (Daten für Mk VI B)
Hersteller	Vickers-Armstrong
Gefechtsgewicht	5280 kg
Länge	3990 mm
Breite	2050 mm
Höhe	2230 mm
Motor	Meadows ESTB 6-Zylinder-Ottomotor
Hubraum	4430 ccm
Leistung kw/PS	65/88
Leistungsgewicht	16,7 PS/t
Höchstgeschw.	56 km/h (Straße), 40 km/h (Gelände)
Kraftstoffvorrat	137 l
Fahrbereich	200 km (Straße)
Besatzung	3
Bewaffnung	1 x 12,7- und 1 x 7,7-mm-Vickers-MG
Panzerung	4 – 14 mm
Furttiefe	0,7 m

Der 1935 erschienene Mark (Mk) VI A war der Endpunkt einer Reihe von einander recht ähnlichen leichten Panzern, die Vickers-Armstrong seit Ende der zwanziger Jahre produziert hatte. Um eine Ausrüstung mit einer Funkanlage zu ermöglichen, erhielt der Mk VI einen größeren Turm als der Vorgänger Mk V. Der Fahrer saß vorne links in der Wanne, neben sich einen 88 PS starken Motor, der das leichte Fahrzeug recht mobil machte. Der von Hand schwenkbare Zwei-Mann-Turm mit einem 12,7-mm und einem 7,7-mm-Vickers-MG befand sich hinten. Das Modell Mk VI B wies einige Detailänderungen auf und war zu Beginn des Zweiten Weltkrieges der leichte Standardpanzer des britischen Heeres. Obwohl bald nach Ausbruch des Krieges klar wurde, dass Panzer des Typs Mk VI ob ihrer leichten Panzerung und Bewaffnung nur noch als Aufklärer eingesetzt werden konnten, blieb das Modell bis 1941 im Dienst. Die Version Mk VI C wurde mit einem 15-mm sowie einem 7,92-mm-MG ausgestattet, konnte aber an der Unterbewaffnung des Typs nichts ändern. Zusätzlich entstand noch eine kleine Zahl von Fla-Panzern (Light Tank AA Mk I und II), die mit vier 7,92-mm-MG in einem Drehturm ausgerüstet waren. Insgesamt wurden bis 1940 rund 1000 Mk VI aller Ausführungen produziert.

Ein im Mai oder Juni 1940 von deutschen Truppen erbeuteter Mk VI C mit einem 15-mm-Besa-MG sowie einem koaxialen 7,92-mm-MG. (WKA)

Light Tank Mk VII A 17 *Tetrarch*

Typ	leichter Panzerkampfwagen, Luftlandpanzer
Hersteller	Vickers-Armstrong, Metro Cammell
Gefechtsgewicht	7600 kg
Länge	4110 mm
Breite	2310 mm
Höhe	2120 mm
Motor	Meadows MAT 12-Zylinder-Ottomotor
Hubraum	k.A
Leistung kw/PS	121/165
Leistungsgewicht	21,7 PS/t
Höchstgeschw.	64 km/h (Straße), 45 km/h (Gelände)
Kraftstoffvorrat	205 l
Fahrbereich	230 km (Straße)
Besatzung	3
Bewaffnung	1 x 2-Pfünder-Kanone (4 cm) L/52, 1 x 7,92-mm-Besa-MG
Panzerung	4 – 16 mm
Furttiefe	0,8 m

Obwohl die Entwicklung des Mk VII bereits 1937 bei Vickers-Armstrong begonnen hatte, erging erst 1940 ein Auftrag zum Bau des Panzers. Da Vickers bereits ausgelastet war, übernahm Metro Cammell die Serienfertigung. Die hohen Verluste leichter Panzer in Frankreich ließen die Briten die Rolle dieser Fahrzeuge überdenken, daher endete die Produktion des seit September 1941 Tetrarch genannten Panzers Anfang 1942 nach nur 177 Exemplaren. Von diesem wurden 20 an die UdSSR geliefert und sechs nahmen an der Besetzung Madagaskars im Mai 1942 teil. Die übrigen wären wahrscheinlich als Trainingsfahrzeuge aufgebraucht worden, hätte man nicht einen leichten Luftlandepanzer gesucht. Mit Hilfe von Lastenseglern des Typs Hamilcar landeten am 6. Juni 1944 etwa 20 Tetrarch in der Normandie, ihrem Einsatz war gleichwohl kein großer Erfolg beschieden. Auch der Mk VII konnte (wie der Daimler-Spähwagen) mit dem Little John Adapter ausgerüstet werden. Einzige Variante war der mit einer 7,62-cm-Haubitze ausgerüstete Tetrarch Mk I CS. Obwohl ab Mitte 1941 noch ein recht ähnlicher Nachfolger (Light Tank Mk VIII Harry Hopkins) entworfen worden war, kamen von den rund 100 gebauten Exemplaren dieses Typs keine mehr zu einem Kampfeinsatz.

Tetrarch Mk I CS mit einer 7,62-cm-Haubitze. (IWM)

Infantry Tank Mk A 11 *Matilda I*

Typ	Panzerkampfwagen zur Infanterieunterstützung
Hersteller	Vickers-Armstrong
Gefechtsgewicht	11 161 kg
Länge	4850 mm
Breite	2280 mm
Höhe	1860 mm
Motor	Ford Modell 79 8-Zylinder-Ottomotor
Hubraum	3600 ccm
Leistung kw/PS	51,5/70
Leistungsgewicht	6,3 PS/t
Höchstgeschw.	13 km/h (Straße), 9 km/h (Gelände)
Kraftstoffvorrat	191 l
Fahrbereich	130 km (Straße)
Besatzung	3
Bewaffnung	1 x 7,7- oder 12,7-mm-Vickers-MG
Panzerung	12 – 65 mm
Furttiefe	0,7 m

Das britische Konzept zum Einsatz von Panzern vor und während des Zweiten Weltkrieges sah zwei Haupttypen vor: schwergepanzerte, langsame Infanteriepanzer und sogenannte »Cruiser«, die schnell und relativ schwach gepanzert waren. Der A 11 war der erste nach diesem Konzept gebaute Kampfwagen zur Unterstützung der Infanterie. Das britische Kriegsministerium hatte 1935 von Vickers-Armstrong einen möglichst günstigen Entwurf gefordert, sodass sich der Konstrukteur Sir John Carden gezwungen sah, den Panzer auf das absolut Notwendigste zu beschränken. Das Ergebnis war ein zwar gut gepanzertes (max. 65 mm), aber mit nur einem 7,7-mm-MG bewaffnetes Zweimann-Fahrzeug mit einer Höchstgeschwindigkeit von nur 13 km/h. Dennoch akzeptierte der Generalstab im April 1937 den Kampfwagen und übernahm die bei Vickers werksintern verwendete Bezeichnung Matilda. Bis 1940 wurden insgesamt 139 dieser Panzer produziert, spätere Fahrzeuge erhielten ein 12,7-mm-MG und ein Funkgerät. 55 Matilda I wurden 1940 in Frankreich eingesetzt und gingen sämtlich verloren. Die in Großbritannien verbliebenen Panzer dieses Typs wurden danach nur noch zu Ausbildungszwecken verwendet.

Ein im Mai oder Juni 1940 von deutschen Truppen erbeuteter Infantry Tank Mk I. Man beachte den 50,8-mm-Nebelbombenwerfer an der linken Turmseite. (WKA)

Infantry Tank Mk II A 12 *Matilda II*

Typ	Panzerkampfwagen zur Infanterieunterstützung (Daten für Mk III)
Hersteller	Vulcan Foundry und andere
Gefechtsgewicht	26 926 kg
Länge	5610 mm
Breite	2590 mm
Höhe	2510 mm
Motor	2 x Leyland E148/E149 6-Zylinder-Dieselmotoren
Hubraum	je 7000 ccm
Leistung kw/PS	zusammen 140/190
Leistungsgewicht	7 PS/t
Höchstgeschw.	24 km/h (Straße), 13 km/h (Gelände)
Kraftstoffvorrat	211 l
Fahrbereich	145 km (Straße), 90 km (Gelände)
Besatzung	4
Bewaffnung	1 x 2-Pfünder-Kanone (4 cm) L/52, 1 x 7,92-mm-Besa-MG
Panzerung	20 – 78 mm
Furttiefe	0,91 m

Während die Erprobung des Matilda I noch im Gange war, vergab das britische Kriegsministerium an das Royal Arsenal in Woolich bereits den Auftrag zur Entwicklung eines Nachfolgers. Der 1936 vorgestellte Entwurf A 12 war schwer gepanzert und bestand, um den Schutz weiter zu verbessern, weitgehend aus Gussteilen. Da nur wenige Betriebe in Großbritannien in der Lage waren, diese großen Gussstahlteile zu fertigen, wurde der Bauauftrag an Vulcan Foundry, einen Betrieb, der sonst Lokomotiven herstellte, vergeben. Später wurden weitere Firmen wie North British Locomotive Works, LMS Railway Works oder die Werft Harland & Wolff an der Serienproduktion beteiligt. Die aufwändige Bauweise und die Vergabe von Aufträgen an Firmen, die wenig Erfahrung mit Panzern hatten, führten dazu, dass die Produktion nie die gewünschte Höhe erreichte. Obwohl bereits 1938 die Erprobung des ersten Prototyps begonnen hatte, waren 1940 in Frankreich nur etwa zwei Dutzend Matilda II im Einsatz, die den deutschen Truppen jedoch große Probleme bereiteten. Einzig die 8,8-cm-Flak war der bis zu

Matilda II Mk II einer unbekannten Einheit der Roten Armee, Ostfront 1942. (WKA)

78 mm starken Panzerung des Matilda II gewachsen. Dessen Zweipfünder durchschlug im Gegenzug auf Kampfentfernung die Panzerung jedes gegnerischen Fahrzeuges. Auch in Nordafrika erzielten A 12 (nach dem Abzug des Matilda I nur noch als Matilda bezeichnet) große Erfolge gegen die italienische Armee. Praktisch unverwundbar, wurde der Panzer geradezu legendär und erwarb sich den Namen »Queen of the desert« (Königin der Wüste). Als sich der A 12 ab dem Frühjahr 1941 erneut der 8,8-cm-Flak gegenüber sah, wendete sich das Blatt allerdings. Versuche, den Matilda mit einer 5,7-cm-Kanone auszurüsten, scheiterten am zu geringen Durchmesser des Turmdrehkranzes. Nach Juli 1942 war die Zeit des Matilda als Kampfpanzer bei den Briten beendet und die Fahrzeuge wurden für Spezialaufgaben verwendet. So entstanden u.a. Minenräumpanzer (Baron, Scorpion) und Scheinwerferträger (CDL). Die australische Armee hingegen nutzte den A 12 bis 1945 intensiv während der Kämpfe gegen die Japaner und schuf ihre eigenen Flammwerferversionen (Frog und Murray). Insgesamt wurden 2987 A 12 in sechs leicht unterschiedlichen Varianten gefertigt. So wurde die Motorleistung von 174 PS auf 190 PS erhöht, das Vickers-MG gegen eines vom Typ Besa ausgetauscht und es entstand eine Variante mit einer 7,62-cm-Haubitze im Turm. Die UdSSR erhielt im Zuge des Leih- und Pacht-Abkommens über 1000 Matilda, die eine wichtige Rolle an der Ostfront spielten.

Wehrmachtssoldaten inspizieren einen im Mai oder Juni 1940 erbeuteten Matilda II Mk I mit AEC-Dieseln. Man beachte den massiven gepanzerten Lauf des koaxialen Vickers-MG. (WKA)

Matilda II Mk IIa mit Leyland-Dieselmotoren und koaxialem 7,92-mm-Besa-MG. (IWM)

Infantry Tank Mk III *Valentine*

Vickers-Armstrong begann Ende 1937 mit der Konstruktion eines neuen Infanteriepanzers, ohne dass ein offizieller Auftrag vorgelegen hätte (daher die fehlende A-Klassifizierung) und präsentierte dem Kriegsministerium am 10. Februar 1938 seine Entwürfe. Eine Produktionsgenehmigung für den nun offiziell Valentine genannten Typ erging jedoch erst kurz vor Kriegsausbruch im Jahre 1939, sodass die ersten Panzer der Truppe nicht vor Mitte 1940 zuliefen – zu spät für einen Einsatz in Frankreich. Über die Entstehung des Namens Valentine gibt es zahlreiche Spekulationen, wahrscheinlich war es jedoch schlicht die werksinterne Bezeichnung des Entwurfes. Vickers Ziel war es gewesen, einen kostengünstiger und einfacher als den Matilda II herzustellenden Infanteriepanzer zu bauen. Um Zeit und Geld zu sparen, verwendete man das praktisch unveränderte Laufwerk des Kreuzerpanzers A 10, woraus sich eine Beschränkung des Höchstgewichtes auf 16 t ergab. Um innerhalb dieser Grenzen dennoch eine möglichst starke Panzerung unterzubringen, war der Valentine sehr kompakt in seinen Abmessungen. Zu kompakt, wie manche Besatzungen meinten, die mit seinem engen Innenraum fertig werden mussten. Dies galt insbesondere für den kleine Turm, der in den meisten Versionen keinen Raum für einen Ladeschützen bot. So war der Kommandant häufig überfordert, wenn er gleichzeitig den Panzer führen, funken und die Kanone laden sollte. Hauptproblem war neben der Enge vor allem die zu geringe Geschwindigkeit des Panzers und die schwache Heckpanzerung. Dennoch wurde der Typ wegen seiner Robustheit und Zuverlässigkeit sehr geschätzt. Der Valentine war recht wandlungsfähig, es gab 11 verschiedene Versionen (Mk I bis Mk XI) mit Kanonen der Kaliber 4-, 5-, 7- und 7,5-cm sowie fünf unterschiedlichen Benzin-, bzw.

Valentine Mk III der neuseeländischen Armee. Der Mk III verfügte über einen neuen Drei-Mann-Turm mit verbesserter Blende, war jedoch noch immer mit der 2-Pfünder-Kanone bewaffnet.

Ein im Mai 1941 vom Afrika Korps erbeuteter Valentine Mk III. Man beachte die Sandschürzen sowie die großen rot-weiß-roten Nationalinsignien am Turm und am Wannenbug. (BA cc-by-sa 3.0)

Dieselmotoren von 131 bis 210 PS. Dazu Selbstfahrlafetten und Spezialversionen wie Befehls-, Brückenlege-, Minenräum- oder Schwimmpanzer. Der Valentine wurde bis 1944 gebaut und war mit 6855 in Großbritannien und 1420 in Kanada hergestellten Einheiten der am meistproduzierte britische Panzer des Zweiten Weltkrieges. Neben Briten und Kanadiern, die ihn von 1940 bis 1945 einsetzten, verwendeten auch die im Pazifikraum kämpfenden Neuseeländer den Panzer. Die Rote Armee, welche im Rahmen des Leih- und Pacht-Abkommens 3784 Valentine verschiedener Versionen erhielt, setzte den Typ an der Ostfront ein. Die Sowjets lobten dessen zuverlässigen Motor sowie das robuste Laufwerk. Allerdings befanden sie die 4-cm-Kanone der ersten Modelle als zu schwach, weshalb mitunter russische 7,62-cm-Kanonen zum Einbau kamen.

Typ	Panzerkampfwagen zur Infanterieunterstützung (Daten für Mk I)
Hersteller	Vickers-Armstrong, Metropolitan Cammell, Birmingham Carriage and Wagon Co., Canadian Pacific
Gefechtsgewicht	16 257 kg
Länge	5410 mm
Breite	2630 mm
Höhe	2270 mm
Motor	AEC 189 6-Zylinder-Ottomotor
Hubraum	9600 ccm
Leistung kw/PS	99/135
Leistungsgewicht	8,3 PS/t
Höchstgeschw.	24 km/h (Straße), 15 km/h (Gelände)
Kraftstoffvorrat	141 l
Fahrbereich	145 km (Straße)
Besatzung	3
Bewaffnung	1 x 2-Pfünder-Kanone L/52 (4 cm), 1 x 7,92-mm-Besa-MG
Panzerung	8 – 65 mm
Furttiefe	0,91 m

Valentine Mk I des 8th Tank Regiment, Bardia (Libyen), Januar 1942. (Vincent Bourguignon)

Infantry Tank Mk IV A 22 *Churchill*

Oben: Churchill Mk I mit 7,62-cm-Haubitze in der Wanne. (IWM)

Unten: Eine Kolonne Churchill auf einer Straße in Nordwestdeutschland, Anfang 1945. Die Besatzungen haben an Bug und Turmfront Kettenglieder angebracht, die den Panzerschutz verstärken sollten. (IWM)

Die Ursprünge des Churchill gehen auf den Entwurf A 20 von Harland and Wolff zurück, der stark an die Panzer des Ersten Weltkriegs erinnerte. Im Juni 1940 wurde die Erprobung des A 20 jedoch wegen ernster Motor- und Getriebeprobleme abgebrochen und Vauxhall mit einer grundlegenden Überarbeitung des Entwurfes beauftragt. Aufgrund der im Sommer 1940 angespannten militärischen Lage Großbritanniens war die zur Verfügung stehende Zeit mehr als knapp, dennoch gelang es Vauxhall bereits Ende 1940 den ersten Prototypen des neuen Entwurfes (A 22) vorzustellen. Der Druck, unter dem das Fahrzeug entstanden war, machte aber auch dieses Mal Probleme unausweichlich. So waren beispielsweise der Motor, zwei miteinander verbundene Bedford-Lkw-Motoren, die Steuerung sowie das Getriebe nicht ausgereift. Trotz dieser Mängel begann im Juni 1941 die Serienproduktion des Churchill getauften Panzers. Da 1940

Churchill Mk VII mit 7,5-cm-Kanone. Der Mk VII ist gut an den runden (zuvor eckigen) Notausstiegsluken in der Wanne zu erkennen. 34th Tank Brigade, Nordfrankreich, September 1944. (Vincent Bourguignon)

keine andere Bewaffnung zur Verfügung stand, musste der A 22 mit einer 4-cm-Kanone ausgerüstet werden, die keine Sprenggranaten verschießen konnte. Die ersten 303 Fahrzeuge

Typ	schwerer Panzerkampfwagen zur Infanterieunterstützung (Daten für Mk VII)
Hersteller	Vauxhall Motors und zahlreiche andere britische Firmen
Gefechtsgewicht	40 600 kg
Länge	7540 mm
Breite	3250 mm
Höhe	2490 mm
Motor	Bedford Flat 12, 12-Zylinder-Ottomotor
Hubraum	21 100 ccm
Leistung kw/PS	258/350
Leistungsgewicht	8,6 PS/t
Höchstgeschw.	25 km/h (Straße), 13 km/h (Gelände)
Kraftstoffvorrat	683 l
Fahrbereich	145 km (Straße), 80 km (Gelände)
Besatzung	5
Bewaffnung	1 x 7,5-cm-Kanone L/36,5, 2 x 7,92-mm-Besa-MG, 1 x 7,7-mm-Bren-Fla-MG
Panzerung	19 – 152 mm
Furttiefe	1,02 m

wurden deshalb mit einer 7,62-cm-Haubitze in der Wanne ausgestattet, die aufgrund des minimalen Schwenkbereiches jedoch nur von beschränktem Wert war und bald durch ein 7,92-mm-Besa-MG ersetzt wurde. Beim Modell Mk II (teils auch II CS genannt) tauschten 4-cm-Kanone und Haubitze die Plätze. 1942 wäre aufgrund der andauernden Schwierigkeiten mit Motor, Getriebe, Lenkung und Laufwerk die Produktion beinahe eingestellt worden. In einer gemeinsamen Anstrengung gelang es Vauxhall und der Truppe jedoch den A 22 zuverlässiger zu machen, sodass bis 1945 5460 Churchill produziert werden und der Typ sich zu einem der wichtigsten britischen Panzer entwickeln konnte. Es gab insgesamt 8 Grundausführungen (Mk I bis Mk VIII) sowie drei Bezeichnungen für nachgerüstete ältere Modelle (Mk IX bis XI) sowie diverse Hybridmodelle.

Ab der Variante Mk III kam ein 6-Pfünder (5,7 cm) zum Einbau, der den Kampfwert des Churchill wesentlich erhöhte. In Nordafrika wurde eine Anzahl von Mk IV durch die Truppe mit dem 7,5-cm-Geschütz des Sherman ausgestattet (Mk IV NA 75), und ab dem Modell Mk VI bestand die Bewaffnung serienmäßig aus einer britischen 7,5-cm-Kanone. Die Version Mk VII war breiter und erhielt eine auf 152 mm erhöhte Frontpanzerung, wodurch das Gewicht auf rund 40 t stieg. Speziell zur Nahunterstützung wurden auch Varianten mit einer 9,5-cm-Haubitze im Turm hergestellt (Mk V und Mk VIII). Der erste Einsatz des Churchill erfolgte im August 1942 durch kanadische Einheiten bei der Landung in Dieppe,

Churchill Crocodile Flammpanzer auf Basis des Mk VII mit 7,5-cm-Kaonone. Der Flammenwerfer befand sich vorn in der Wanne, das Flammöl wurde in einem gepanzerten, einachsigen Anhänger mitgeführt. (IWM)

der allerdings in einem Fiasko endete. In Nordafrika, Italien sowie ab Juni 1944 in Frankreich und später in Deutschland bewährte sich der Typ jedoch bestens.
1942 wurden einige Churchill mit einem festen, kastenartigen Aufbau fertiggestellt, der eine 7,6-cm-Kanone trug, zu einem Serienbau kam es allerdings nicht. Auch ein gegen Ende des Krieges gebauter Prototyp mit einer 17-Pfünder-Kanone (Black Prince) wurde nicht in Serie produziert. Aufgrund der breiten, geräumigen Wanne und des robusten Laufwerkes eignete sich der A 22 auch für verschiedene Spezialversionen. So entstanden Brückenlege-, Berge-, Pionier-, Minensuch- und Flammpanzer. Die Flammenwerferversion Crocodile war sicher die bekannteste dieser Umbauten. Das Flammöl wurde dabei in einem gepanzerten, zweirädrigen Anhänger mitgeführt, der Werfer war anstelle des Bug-MG in der Wanne eingebaut. Die volle Kampffähigkeit blieb durch die 7,5-cm-Kanone im Turm erhalten. Auch an die UdSSR wurden einige Churchill der Modelle Mk I bis Mk IV geliefert.

Links: Der Churchill Bobbin konnte auf weichem Terrain einen Segeltuchteppich legen, der das Einsinken schwerer Fahrzeuge verhinderte. (Vincent Bourguignon)

Unten: Dieser Brückenleger auf Churchill Fahrgestell konnte eine 9 Meter lange Brücke mit bis zu 60 Tonnen Tragkraft zum Einsatz zu bringen. (Vincent Bourguignon)

Cruiser Tank Mk I A 9

Typ	Kreuzer-Panzerkampfwagen
Hersteller	Vickers-Armstrong, Harland and Wolff
Gefechtsgewicht	13 013 kg
Länge	5790 mm
Breite	2490 mm
Höhe	2640 mm
Motor	AEC 179, 6-Zylinder-Ottomotor
Hubraum	9600 ccm
Leistung kw/PS	110/150
Leistungsgewicht	11,5 PS/t
Höchstgeschw.	40 km/h (Straße), 24 km/h (Gelände)
Kraftstoffvorrat	328 l
Fahrbereich	240 km (Straße)
Besatzung	6
Bewaffnung	1 x 2-Pfünder-Kanone (4 cm) L/52, 3 x 7,7-mm-Vickers-MG
Panzerung	6 – 14 mm
Furttiefe	0,91 m

Die Entwicklung des A 9 begann 1934 bei Vickers-Armstrong, 1936 wurde ein erster Prototyp fertiggestellt. 1937 begann die Serienproduktion des Typs, der als Cruiser Mk I erster in der langen Reihe britischer Kreuzer-Panzer wurde. Trotz seiner durchschlagskräftigen 4-cm-Zweipfünder-Kanone war der A 9 viel zu dünn gepanzert und ungeschickt in der Formgebung, um im Gefecht gegen andere Panzer bestehen zu können. Zugleich war diese Waffe nicht in der Lage Sprenggranaten zu verschießen, weshalb eine kleine Zahl von A 9 mit einer 9,4-cm-Haubitze ausgerüstet wurde (Mk I CS). Interessant waren zwei MG-Türme links und rechts des Fahrers mit je einem 7,7-mm-MG. Diese Türme erwiesen sich ob ihrer extremen Enge allerdings für die darin befindlichen Schützen oft als Todesfalle und boten gefährliche Fangstellen. Positiv zu bewerten waren hingegen der erstmalig in einem Panzer zu findende hydraulische Turmschwenkmechanismus und ein Ventilator zur Belüftung des Kampfraumes. Das Laufwerk war recht robust und geländegängig, es wurde später in leicht veränderter Form für den in großen Stückzahlen gebauten Valentine übernommen. Der A 9 selbst aber war kein Erfolg, schon nach 125 Exemplaren wurde die Fertigung gestoppt. Die letzten A 9 wurden 1941 in Nordafrika eingesetzt.

Die Aufnahme oben zeigt einen zurückgelassenen und beschädigten Mk I CS mit 9,4-cm-Haubitze. Calais, 27. Mai 1940.

(BA CC-By-SA 3.0)

Ein von italienischen Truppen erbeuteter Cruiser Mk I, Libyen Oktober 1940.

(Vincent Bourguignon)

Cruiser Tank Mk II A 10

Der A 10 war eigentlich als Infanteriepanzerausführung des A 9 gedacht, mittels zusätzlich aufgenieteter Platten wurde seine Panzerung im Front- und Turmbereich daher auf bis zu 30 mm verstärkt. Doch für die ihm zugedachte Rolle war auch das zu wenig, sodass er als schwerer Kreuzer-Panzer eingestuft wurde. Für diese Aufgabe wiederum war er eigentlich zu langsam. Man konnte also ahnen, dass auch dem A 10 kein großer Erfolg beschienen sein würde. Obwohl man die nutzlosen MG-Türme beim A 10 beseitigt hatte, blieb das Panzerkastenoberteil mit zu vielen Fangstellen behaftet. Vom A 10 wurden drei Versionen produziert. Das Modell Mk II mit 4-cm-Kanone und koaxialem 7,7-mm-Vickers-MG im Turm sowie einem 7,92-mm-MG in der Wannenfront, das Modell Mk IIA mit einer verbesserten Blende und einem koaxialem Besa-MG, sowie die Version MK IIA CS mit einer 9,4-cm-Haubitze. Insgesamt wurden 1938 und 1939 175 A 10 produziert, die in Frankreich, Griechenland und Nordafrika zum Einsatz kamen. Ende 1941 wurden die letzten A 10 ausgesondert.

Typ	Kreuzer-Panzerkampfwagen (Daten für Mk IIA)
Hersteller	Vickers-Armstrong, Birmingham Railway Carriage and Wagon, Metropolitan Cammell
Gefechtsgewicht	14 400 kg
Länge	5590 mm
Breite	2530 mm
Höhe	2640 mm
Motor	AEC 179, 6-Zylinder-Ottomotor
Hubraum	9600 ccm
Leistung kw/PS	110/150
Leistungsgewicht	10,4 PS/t
Höchstgeschw.	26 km/h (Straße), 13 km/h (Gelände)
Kraftstoffvorrat	328 l
Fahrbereich	240 km (Straße)
Besatzung	6
Bewaffnung	1 x 2-Pfünder-Kanone (4 cm) L/52, 2 x 7,92-mm-Besa-MG
Panzerung	8 – 30 mm
Furttiefe	0,91 m

Das Bild dieses im Sommer 1940 erbeuteten Cruisers Mk II entstand auf einer Beutewaffenschau. (WKA)

Cruiser Tank Mk III A 13

Typ	Kreuzer-Panzerkampfwagen
Hersteller	Nuffield Mechanisation & Aero Ltd.
Gefechtsgewicht	14 200 kg
Länge	5990 mm
Breite	2540 mm
Höhe	2590 mm
Motor	Nuffield-Liberty Mk II, 12-Zylinder-Ottomotor
Hubraum	27 040 ccm
Leistung kw/PS	254/340
Leistungsgewicht	24 PS/t
Höchstgeschw.	48 km/h (Straße)
Kraftstoffvorrat	500 l
Fahrbereich	145 km (Straße)
Besatzung	4
Bewaffnung	1 x 2-Pfünder-Kanone (4 cm) L/52, 1 x 7,7-mm-Vickers-MG
Panzerung	6 – 14 mm
Furttiefe	0, 91 m

Nachdem der britische General Martel 1936 Zeuge der Vorführung sowjetischer BT-Panzer geworden war, drängte er auf den Bau ähnlicher Fahrzeuge in Großbritannien. Im Auftrag des Kriegsministeriums baute Morris Motors daher bis Ende 1937 zwei Prototypen eines A 13 genannten Entwurfes mit großen, gummigepolsterten Laufrädern sowie einem in der Wanne liegenden Federungssystem. Dieses Christie-Laufwerk und ein 340 PS Liberty-Flugzeugmotor bescherten dem Panzer eine Höchstgeschwindigkeit von 56 km/h, zugleich litt das Modell jedoch auch an zahlreichen Kinderkrankheiten. Nachdem diese beseitigt schienen (zum Teil auch dadurch, dass die Geschwindigkeit auf 48 km/h begrenzt wurde), erging ein Auftrag über 65 Exemplare. Für die Produktion dieser Fahrzeuge wurde von Morris eigens ein neues Werk gegründet, die Nuffield Mechanisation & Aero Ltd. Neben einer 4-cm-Zweipfünder-Kanone waren die Panzer mit einem koaxialen 7,7-mm-Vickers ausgerüstet.

Bis zum Sommer 1939 waren sämtliche Cruiser Mk III ausgeliefert und wurden 1940 in Frankreich sowie bis Ende 1941 in Nordafrika eingesetzt. Im Einsatz konnten die Fahrzeuge ob ihrer geringen Panzerung und ihrer Unzuverlässigkeit jedoch nicht überzeugen.

Ein Cruiser Mk III im Gelände. (IWM)

Cruiser Tank Mk IV A 13-Mk II

Die Panzerung des Cruiser Tank Mk III war nur in der Lage Handfeuerwaffen zu widerstehen. Um die Überlebensfähigkeit der Fahrzeuge und ihrer Besatzung zu verbessern, wurden daher bei einigen Panzern am Turm und an der Wannenfront zusätzliche Panzerplatten angebacht. Die abgeschrägte seitliche Zusatzpanzerung in Schottbauweise gab dem Turm ein völlig neues Aussehen. Diese Version erhielt die Bezeichnung MK IV. Neu gebaute Panzer, die ab Werk mit der verstärkten Panzerung versehen wurden und statt des 7,7-mm-Vickers ein 7,92-mm-Besa-MG im Turm trugen, wurden Mk IV A genannt. Insgesamt entstanden von Ende 1938 bis 1941 655 Mk IV A. Dazu gehörte auch eine handvoll Nahunterstützungspanzer mit einer 9,4-cm-Haubitze, jedoch ohne koaxiales MG, im Turm (MK IV CS). Obwohl sie sich als wenig zuverlässig erwiesen, wurden Panzer dieses Typs bis 1942 intensiv eingesetzt, zunächst 1940 in Frankreich und danach im Mittelmeerraum, bzw. Nordafrika.

Typ	Kreuzer-Panzerkampfwagen
Hersteller	Nuffield Mechanisation & Aero Ltd., Leyland Motors, English Electric, London Midland and Scottish Railway (LMS)
Gefechtsgewicht	15 040 kg
Länge	5990 mm
Breite	2540 mm
Höhe	2590 mm
Motor	Nuffield-Liberty Mk II, 12-Zylinder-Ottomotor
Hubraum	27 040 ccm
Leistung kw/PS	254/340
Leistungsgewicht	22,6 PS/t
Höchstgeschw.	48 km/h (Straße)
Kraftstoffvorrat	500 l
Fahrbereich	145 km (Straße)
Besatzung	4
Bewaffnung	1 x 2-Pfünder-Kanone (4 cm) L/52, 1 x 7,92-mm-Besa-MG
Panzerung	6 – 30 mm
Furttiefe	0, 91 m

Von der Wehrmacht im Sommer 1940 erbeuteter Cruiser MK IV mit Zusatzpanzerung an der Kanonenblende. (WKA)

Cruiser Tank Mk V A 13-Mk III Covenanter

Typ	Kreuzer-Panzerkampfwagen
Hersteller	London Midland and Scottish Railway (LMS), Leyland Motors, English Electric
Gefechtsgewicht	18 300 kg
Länge	5790 mm
Breite	2610 mm
Höhe	2230 mm
Motor	Meadows Flat D.A.V, 12-Zylinder-Ottomotor
Hubraum	k.A
Leistung kw/PS	221/300
Leistungsgewicht	16,4 PS/t
Höchstgeschw.	50 km/h (Straße), 40 km/h (Gelände)
Kraftstoffvorrat	419 l
Fahrbereich	160 km (Straße)
Besatzung	4
Bewaffnung	1 x 2-Pfünder-Kanone (4 cm) L/52, 1 x 7,92-mm-Besa-MG
Panzerung	7 – 40 mm
Furttiefe	0, 96 m

Der Covenanter war als besser gepanzerter Nachfolger des Cruisers Mk IV vorgesehen. Die Wanne des Covenanter wurde ab Anfang 1939 von LMS, der Turm von Nuffield konstruiert. Noch vor der Fertigstellung eines Prototyps wurden am 17. April 1939 100 Fahrzeuge bestellt. Der Panzer sollte einen möglichst niedrigen Aufzug erhalten, daher kam ein spezieller Meadows-Motor zum Einbau, der aber im Wannenheck keinen Raum mehr für das Kühlsystem ließ. Dieses wurde stattdessen nach vorn auf den Bug verlegt. Dieser weit vom Motor entfernte (und im Gefecht wohl auch sehr gefährdete) Platz trug gemeinsam mit der überhasteten Entwicklung allerdings nicht unerheblich zu den massiven Schwierigkeiten mit der Motorkühlung bei, die den Panzer beständig plagten. Auch das Getriebe war nicht ausgereift. Reihenweise Ausfälle aufgrund überhitzter Triebwerke und mechanischer Probleme waren die Folge. Dennoch entstanden bis 1943 insgesamt 1771 Covenanter in vier verschiedenen Versionen, bei denen versucht wurde, die Kühl- und Antriebsprobleme zu lösen – allerdings vergeblich. Zudem gab es die üblichen Modelle mit einer 7,62-cm-Haubitze sowie Brückenlege- und Befehlsfahrzeuge. Außer einigen Brückenlegern wurden sämtliche Cruiser Mk V nur für die Ausbildung in Großbritannien eingesetzt.

Convenanter einer exil-polnischen Panzereinheit 1941 im Manöver in Schottland.

Cruiser Tank Mk VI A 15 *Crusader*

Typ	Kreuzer-Panzerkampfwagen (Daten für Mk III)
Hersteller	Nuffield Mechanisation & Aero Ltd. und andere
Gefechtsgewicht	20 067 kg
Länge	5990 mm
Breite	2640 mm
Höhe	2240 mm
Motor:	Nuffield-Liberty Mk III, 12-Zylinder-Ottomotor
Hubraum	27 040 ccm
Leistung kw/PS	254/340
Leistungsgewicht	16,9 PS/t
Höchstgeschw.	43 km/h (Straße), 24 km/h (Gelände)
Kraftstoffvorrat	500 l (+ 136 l Zusatztank)
Fahrbereich	200 km (Straße, ohne Zusatztank)
Besatzung	3
Bewaffnung	1 x 6-Pfünder-Kanone (5,7 cm) L/45 oder L/52, 1 x 7,92-mm-Besa-MG
Panzerung	7 – 51 mm
Furttiefe	0,99 m

Der A 15 war Nuffields Konkurrenzentwurf zum Covenanter und wie bei diesem wurden im Juli 1939 zweihundert Panzer vom Reißbrett weg bestellt, ohne die Erprobung des Modells abzuwarten. Tests mit einem ersten Prototyp begannen erst im März 1940. Der A 15 verwendete zwar den erprobten Liberty-Motor des A 13 und dessen Christie-Aufhängung, verfügte jedoch über einen neuen, flacheren Turm, stärkere Panzerung und ein zusätzliches Paar Laufräder zur ausgewogeneren Verteilung des Gewichtes. Unter der Bezeichnung Crusader erlebte der Panzer im Juni 1941 in Nordafrika seine Feuertaufe. Dabei fielen jedoch mehr Fahrzeuge durch Pannen als durch feindlichen Beschuss aus. Als problematisch erwiesen sich erneut vor allem die Motorkühlung sowie die Luftfilter. Im Laufe der Dienstzeit des A 15 konnten diese Probleme nur teilweise behoben werden. Der auf 340 PS gedrosselte Motor wurde von der Truppe selbst oft wieder auf seine ursprünglichen 400 PS gebracht, sodass der Crusader bis zu 64 km/h erreichen konnte. Die Christie-Aufhängung vertrug dies durchaus, die Lebensdauer des Motors verkürzte sich allerdings entsprechend. Die Bewaffnung der ersten Version (Mk I) bestand aus einem 2-Pfünder im Turm mit koaxialem Besa-MG und einem kleinen, bemannten MG-Turm neben dem

Crusader Mk I der 7th Armoured Division, Libyen Sommer 1941. Man beachte den MG-Drehturm auf dem Bug. (IWM)

Ein Artillerieschlepper auf Basis des Crusader Mk I mit einer 17-Pfünder-Pak in Creully (Normandie) im Sommer 1944. Das Fahrzeug gehört wahrscheinlich zum britischen 91st Anti-Tank Regiment.

(National Archives of Canada via Conseil Régional de Basse-Normandie)

Fahrer, der im Feld allerdings häufig entfernt wurde. Beim stärker gepanzerten Modell Mk II fiel der MG-Turm ganz weg. Sowohl vom Crusader Mk I als auch von der Version Mk II existierte jeweils auch eine geringe Anzahl von Panzern mit einer 7,62-cm-Haubitze im Turm (CS Mk I und CS Mk II). Ab Mitte 1942 stand der Crusader Mk III mit 6-Pfünder-Kanone (5,7-cm) zur Verfügung, die einen geräumigeren, aber flacheren Turm erforderte. Dennoch musste aufgrund der Größe der Waffe die Turmbesatzung auf zwei Mann verringert werden. Bis zum Ende des Afrikafeldzuges im Mai 1943 waren Crusader die wichtigsten britischen Panzer, danach wurden sie rasch durch US-Fahrzeuge ersetzt, denn ihre dünne Panzerung und die Unfähigkeit, eine schwerere Bewaffnung als die 5,7-cm-Kanone aufnehmen zu können, ließen sie ab 1943 rasch veralten. Allerdings waren bis Kriegsende noch verschiedene Spezialversionen im Einsatz, z.B. Flakfahrzeuge (mit 4-cm- oder 2-cm-Flak) und Artillerieschlepper. Insgesamt wurden rund 5.300 Crusader aller Versionen bei neun verschiedenen Firmen in Großbritannien produziert.

Crusader Mk III der 6th Armoured Division, Tunesien Anfang 1943.

(Vincent Bourguignon)

Cruiser Tank Mk VIII A 27L *Centaur*

Typ	Kreuzer-Panzerkampfwagen (Daten für Mk IV)
Hersteller	Leyland Motors
Gefechtsgewicht	27 430 kg
Länge	6350 mm
Breite	2900 mm
Höhe	2490 mm
Motor:	Nuffield-Liberty Mk V, 12-Zylinder-Ottomotor
Hubraum	27 040 ccm
Leistung kw/PS	291/395
Leistungsgewicht	14,4 PS/t
Höchstgeschw.	43 km/h (Straße), 25,5 km/h (Gelände)
Kraftstoffvorrat	528 l
Fahrbereich	265 km (Straße)
Besatzung	3
Bewaffnung	1 x 9,5-cm-Haubitze L/21,5, 1 x 7,92-mm-Besa-MG
Panzerung	8 – 76 mm
Furttiefe	0,91 m

Sowohl Nuffield als auch Leyland reichten Anfang 1941 auf Aufforderung des Kriegsministeriums je einen Entwurf für einen schweren Cruiser-Tank mit 70 mm starker Panzerung und einer 5,7-cm-Kanone ein. Nuffields Konstruktion sollte einen Liberty-Motor, Leylands Entwurf ein Meteor-Triebwerk (eine Variante des berühmten Merlin-Flugzeugmotors) von Rolls-Royce erhalten. Wiederum wurde an Nuffield bereits vor der Fertigstellung eines Prototypen ein Bauauftrag vergeben. Dieses Cavalier (Cruiser Mk VII) genannte Fahrzeug wurde aber nur in kleinen Stückzahlen gebaut und allein zur Schulung verwendet. Leylands Entwurf musste, da zunächst noch keine Meteor-Motoren zur Verfügung standen, ebenfalls mit dem Liberty-Motor ausgerüstet werden. Leyland Motors baute von diesem Centaur (A 27L) genannten Modell ab Mitte 1942 950 Stück in vier Hauptversionen (Mk I bis Mk IV), die meist nur als Ausbildungsfahrzeuge dienten. Die Ausnahme bildeten 80 Centaur Mk IV mit 9,5-cm-Haubitzen, die während der Landung in der Normandie eingesetzt wurden, sowie diverse Umrüstungen und Spezialfahrzeuge (Berge-, Flugabwehr-, Beobachtungs- und Transportpanzer sowie Fahrzeuge mit Räumschaufeln), die ebenfalls teils im Feld Verwendung fanden.

Centaur Mk IV mit 9,5-cm-Haubitze. (IWM)

Cruiser Tank Mk VIII A 27M *Cromwell*

Als Anfang 1943 endlich der Rolls-Royce-Meteor-Motor zur Verfügung stand, wurde der A 27L zum A 27M Cromwell. Da beide Panzer nur anders motorisiert waren, sind beide äußerlich kaum zu unterscheiden.
Das Meteor-Triebwerk erwies sich, ebenso wie das Merrit-Brown Getriebe, jedoch als hervorragende Wahl. Der Motor war zuverlässig, leistungsstark und ermöglichte eine Höchstgeschwindigkeit von 64 km/h. Allerdings beanspruchte dies das Laufwerk derart, dass der Motor ab der Version Mk VII gedrosselt wurde und die Geschwindigkeit auf 52 km/h fiel. Der A27M wurde in acht Hauptausführungen produziert, die vor allem in ihrer Bewaffnung differierten. Die Modelle Mk I bis III waren mit einer 5,7-cm-Waffe, die Versionen Mk IV, V

Typ	Kreuzer-Panzerkampfwagen (Daten für Mk IV)
Hersteller	Leyland Motors, LMS, Birmingham Railway Carriage and Wagon Co., Metro Cammel und andere
Gefechtsgewicht	27 942 kg
Länge	6420 mm (mit Rohr)
Breite	2900 mm
Höhe	2490 mm
Motor:	Rolls-Royce Meteor, 12-Zylinder-Ottomotor
Hubraum	26 900 ccm
Leistung kw/PS	442/600
Leistungsgewicht	21,5 PS/t
Höchstgeschw:	64 km/h (Straße), 29 km/h (Gelände)
Kraftstoffvorrat	528 l
Fahrbereich	260 km (Straße)
Besatzung	5
Bewaffnung	1 x 7,5-cm-Kanone L/36,5, 2 x 7,92-mm-Besa-MG
Panzerung	8 – 76 mm
Furttiefe	0,91 m (1,22 m mit Vorbereitung)

Cromwell Mk IV der 7th Armoured Division, Normandie, Juli 1944.
(Vincent Bourguignon)

und VII mit einer 7,5-cm-Kanone und die Typen Mk VI und VIII mit einer 9,5-cm-Haubize ausgerüstet. Zusätzlich unterschieden sich die Versionen darin, ob ihre Wannen geschweißt oder genietet waren, sowie in Details wie der Kettenbreite, Anbringung der Luken und Staukästen. Zahlreiche Centaur wurden durch die Umrüstung auf Meteor-Motoren zu A 27M, so z. B. die Versionen Mk III und IV. Nicht selten wurden auch ältere A 27M auf den Standard späterer Modelle hochgerüstet. Zusätzlich entstanden Beobachtungs-, Befehls- und Bergepanzer auf der Basis des Cromwell. Insgesamt ergab sich so eine verwirrende Vielzahl von Untervarianten und Umbauten.

Bis zu ihrem Einsatz während der Invasion im Juni 1944 wurden Cromwell nur zur Schulung eingesetzt. Der A27M bewährte sich aufgrund

Ein heute noch fahrbereiter Cromwell des Bovington Tank Museums, England. (Norman Date)

seiner Mobilität, blieb aber im Vergleich zu deutschen Panzern stets zu leicht bewaffnet und gepanzert, obwohl ab der Version Mk VII die Frontpanzerung auf 102 mm verstärkt wurde. Zudem war seine Formgebung weit weniger günstig als beim T-34 oder dem Panther. Hätte der Cromwell schon 1942 in der nordafrikanischen Wüste zur Verfügung gestanden, wäre er sicher ein sehr erfolgreicher Panzer geworden, so aber hinkte er seiner Zeit hinterher. Dennoch entwickelte er sich neben dem Sherman zum wichtigsten britischen Panzer der Jahre 1944 und 1945 und wurde insgesamt in rund 3500 Exemplaren gebaut.

Cromwell Mk IV des Divisionsstabes der 11th Armoured Division. (IWM)

Cruiser Tank Mk VIII A 30 *Challenger*

Typ	Kreuzer-Panzerkampfwagen
Hersteller	Birmingham Railway Carriage and Wagon Company
Gefechtsgewicht	32 500 kg
Länge	8150 mm (mit Rohr)
Breite	2910 mm
Höhe	2690 mm
Motor:	Rolls-Royce Meteor, 12-Zylinder-Ottomotor
Hubraum	26 900 ccm
Leistung kw/PS	442/600
Leistungsgewicht	18,5 PS/t
Höchstgeschw.	52 km/h (Straße), 22,5 km/h (Gelände)
Kraftstoffvorrat	k.A
Fahrbereich	200 km (Straße)
Besatzung	5
Bewaffnung	1 x 17-Pfünder-Kanone (7,62 cm) L/60, 1 x 7,7-mm-Browning-MG
Panzerung	10 – 102 mm
Furttiefe	1,22 m (1,38 m mit Vorbereitung)

Aufgrund der relativ geringen Abmessungen des Cromwell erwies es sich als unmöglich, den Panzer mit einer stärkeren Waffe als der 7,5-cm-Kanone L/36,5 auszurüsten, die gegen schwere Panzer nur beschränkte Wirkung zeigte. Um den, für den wesentlich leistungsfähigeren 17-Pfünder (7,62-cm-Kanone), notwendigen größeren Turm unterbringen zu können, verbreiterte und verlängerte Birmingham Carriage die Wanne des A 27M und fügte dem Laufwerk pro Seite eine Laufrolle hinzu. Die ersten Prototypen des A 30 wurden im August 1943 ausgeliefert und zeigten aufgrund des um gut 5 t erhöhten Gewichtes bald Probleme mit der Aufhängung. Zusätzlich stellte sich heraus, dass das verlängerte Laufwerk Steuerungsprobleme verursachte und der Schwerpunkt recht hoch lag. Die großen Granaten des 17-Pfünders machten es notwendig auf das Bug-MG und seinen Schützen zu verzichten, um dort zusätzliche Munition lagern zu können. Von Dezember 1943 bis September 1944 wurden nur 197 Challenger gebaut, die eingesetzt wurden, um mit Cromwell ausgerüsteten Einheiten zusätzliche Feuerkraft zu verleihen. Eine leichtere Weiterentwicklung des A 30 (der Avenger) wurde erst nach Kriegsende in einer kleinen Serie gebaut.

Trotz seiner Feuerkraft war dem Challenger kein großer Erfolg beschieden, nur 197 Exemplare wurden gebaut. (Tank Museum)

Cruiser Tank A 34 *Comet*

Typ	Kreuzer-Panzerkampfwagen
Hersteller	Leyland Motors
Gefechtsgewicht	35 775 kg
Länge	7660 mm (mit Rohr)
Breite	3070 mm
Höhe	2670 mm
Motor:	Rolls-Royce Meteor MK III, 12-Zylinder-Ottomotor
Hubraum	26 900 ccm
Leistung kw/PS	442/600
Leistungsgewicht	16,8 PS/t
Höchstgeschw.	50 km/h (Straße), 25,5 km/h (Gelände)
Kraftstoffvorrat	527 l
Fahrbereich	200 km (Straße)
Besatzung	5
Bewaffnung	1 x 7,7-cm-Kanone L/55 (tatsächlich 7,62 cm), 2 x 7,92-mm-Besa-MG
Panzerung	14 – 102 mm
Furttiefe	1,02 m

Der A 34 entstand ab Mitte 1943 auf den Reißbrettern von Leyland und sollte ursprünglich nur eine verbesserte Version des A 27M werden. Als im Februar 1944 dann der erste Prototyp vorgestellt wurde, hatte er jedoch nur noch 40% aller Teile mit dem Cromwell gemein. Am auffälligsten waren der neue Turm mit einer stärkeren Kanone sowie das verstärkte Stützrollenlaufwerk, das jedoch noch immer eine Christie-Aufhängung besaß. Die 7,62-cm-Hauptwaffe des Comet war eine verkürzte, kompaktere Version des 17-Pfünders aus dem Hause Vickers. Diese aus logistischen Gründen OQF 77 mm Mk 2 genannte Kanone war zwar ein wenig schwächer als das Ursprungsmodell, passte aber gerade noch in einen Turm, der es nicht notwendig machte, die Wanne zu verbreitern und zu verlängern, wie es beim A 30 der Fall gewesen war. Die Serienproduktion des Comet begann erst im September 1944, dennoch wurden bis Kriegsende noch rund 1200 Exemplare gebaut, die allerdings nicht mehr alle zum Einsatz kamen. Obschon seine Formgebung noch immer nicht so gelungen wie die des T-34 oder des Panther war, kann der Comet wohl als der beste aller britischen Panzerkampfwagen des Zweiten Weltkriegs bezeichnet werden.

Im Gegensatz zu allen vorhergehenden britischen Cruiser Tanks besaß der Comet ein Stützrollen-Laufwerk. Die Federung erfolgte jedoch noch immer über Schraubenfedern in der Wanne, nicht über Drehstäbe.

Comet der 11th Armoured Division, Nordwestdeutschland, März 1945.

(Tank Museum)

Selfpropelled Gun *Bishop*

Typ	Panzerhaubitze
Hersteller	Birmingham Railway Carriage and Wagon Co.
Gefechtsgewicht	17 500 kg
Länge	5530 mm (mit Rohr)
Breite	2630 mm
Höhe	2870 mm
Motor:	AEC 190, 6-Zylinder-Dieselmotor
Hubraum	9600 ccm
Leistung kw/PS	96/131
Leistungsgewicht	7,4 PS/t
Höchstgeschw.	24 km/h (Straße), 12 km/h (Gelände)
Kraftstoffvorrat	141 l
Fahrbereich	145 km (Straße)
Besatzung	4
Bewaffnung	1 x 25-Pfünder-Haubitze (8,76 cm) L/31, 1 x 7,7-mm-Bren-MG
Panzerung	Wanne 8 – 60 mm, Aufbau 13 – 51 mm
Furttiefe	0,91 m

Die mobile Kriegsführung in Nordafrika machte die Notwendigkeit einer Artillerie-Selbstfahrlafette deutlich, die Panzereinheiten rasch folgen und Feuerunterstützung geben konnte. Im Juni 1941 erhielt Birmingham Railway Carriage and Wagon daher den Auftrag, ein solches Fahrzeug auf Basis des Valentine zu entwickeln. Da die Konstrukteure im Grunde nur einen gepanzerten, kastenartigen Aufbau auf die Wanne des Panzers setzten, in dem ein 25-Pfünder lafettiert war, konnte der erste Prototyp bereits im August 1941 fertiggestellt werden. Größter Nachteil des Entwurfes war, dass der seitliche Schwenkbereich nur je 4° betrug und die maximale Rohrerhöhung bei nur 15° lag, wodurch die Höchstschussweite massiv sank. Oftmals wurden die Fahrzeuge zum Feuern daher auf schräge Erdrampen gefahren, um so einen größere Erhöhungswinkel zu erzielen. Der Bishop kam ab Juli 1942 in Nordafrika zum Einsatz und blieb nur bis Ende 1943 im Frontdienst. Aufgrund der geringen Geschwindigkeit und des geringen Höhenrichtbereiches des 25-Pfünders konnte er die ihm zugedachte Rolle nicht erfüllen und wurde bald durch Selbstfahrlafetten der Typen Sexton und Priest ersetzt. Insgesamt wurden nur 100 Bishop produziert.

Ein Bishop in der Wüste Nordafrikas, 1942.
(Tank Museum)

Selfpropelled Gun *Archer*

Typ	Panzerjäger-Selbstfahrlafette
Hersteller	Vickers-Armstrong
Gefechtsgewicht	14 990 kg
Länge	6680 mm (mit Rohr)
Breite	2750 mm
Höhe	2230 mm
Motor:	GMC 6-71, 6-Zylinder-Dieselmotor
Hubraum	6950 ccm
Leistung kw/PS	121/165
Leistungsgewicht	11 PS/t
Höchstgeschw.	24 km/h (Straße), 13 km/h (Gelände)
Kraftstoffvorrat	141 l
Fahrbereich	145 km (Straße)
Besatzung	4
Bewaffnung	1 x 17-Pfünder-Kanone (7,62 cm) L/60, 1 x 7,7-mm-Bren-MG
Panzerung	8 – 60 mm
Furttiefe	0,91 m

Um die schwere und unhandliche 17-Pfünder-Pak mobiler zu machen, plante das britische Kriegsministerium den Bau einer Selbstfahrlafette. Zunächst wurde angedacht, diese Waffe in den kastenartigen Aufbau des Bishop einzubauen. Doch zu beengte Platzverhältnisse und der für einen Panzerjäger ungünstige, viel zu hohe Aufzug führten zur Aufgabe dieses Plans. Stattdessen erhielt Vickers-Armstrong 1942 den Auftrag zum Entwurf eines völlig neuen Fahrzeugs auf der Grundlage des Valentine. Der im März 1943 vorgestellte Prototyp war recht flach und besaß vorn einen oben offenen, festen Kampfraum, in dem eine 7,62-cm-Pak mit begrenztem Schwenkbereich (11° je Seite) montiert war. Anstatt wie üblich nach vorn, war die Pak permanent nach hinten gerichtet, da das Fahrzeug aufgrund des langen Rohres sonst zu kopflastig geworden wäre. Im Einsatz erwies sich diese ungewöhnliche Eigenschaft eher als Vor- denn als Nachteil, denn da der Archer aus dem Hinterhalt feuern und dann verschwinden sollte, stand der Panzer so schon in der richtigen Richtung, um schnell das Weite zu suchen. Die ersten Serienfahrzeuge liefen der Truppe im März 1944 zu, doch erst ab Oktober jenes Jahres wurde der Archer bei Fronteinheiten eingesetzt. Bis Kriegsende wurde 665 Exemplare dieses Panzerjägers gebaut, der sich bestens bewährte.

Man beachte den langen Lauf des nach hinten über das Fahrzeugheck ragenden 17-Pfünders.
(Tank Museum)

Australian Cruiser Tank *Sentinel*

Typ	Kreuzer-Panzerkampfwagen
Hersteller	Chullora Tank Assembly Shops
Gefechtsgewicht	28 450 kg
Länge	6350 mm
Breite	2800 mm
Höhe	2560 mm
Motor:	3 x Cadillac 41-75, 8-Zylinder-Ottomotoren
Hubraum	3 x 5700 ccm
Leistung kw/PS	insgesamt 246/330
Leistungsgewicht	11,6 PS/t
Höchstgeschw.	48 km/h (Straße), 32 km/h (Gelände)
Kraftstoffvorrat	591 l
Fahrbereich	320 km (Straße)
Besatzung	5
Bewaffnung	1 x 2-Pfünder-Kanone (4 cm) L/52, 2 x 7,7-mm-Vickers-MG
Panzerung	25 – 65 mm
Furttiefe	1,22 m

Unter dem Eindruck des Kriegs in Europa und einer sich abzeichnenden japanischen Aggression plante Australien im Sommer 1940 die Beschaffung neuer Panzer. Da Großbritannien zu jener Zeit allerdings noch nicht einmal den eigenen Bedarf zu decken vermochte, sollte zum ersten Mal ein Panzer in Australien entworfen und gebaut werden. Die Konstruktionsarbeiten begannen Ende 1940 und ein erster Prototyp des Australian Cruiser I (AC I) wurde im Januar 1942 fertiggestellt. Getriebe sowie Laufwerk des AC I waren vom mittleren US-Panzer M3 beeinflusst und auch das Triebwerk (drei in Kleeblattform gekoppelte Cadillac-Automotoren) war US-Ursprungs. Erstmalig im Panzerbau waren sowohl Wanne als auch Turm aus einem Stück gegossen. Da keine andere Hauptwaffe zur Verfügung stand, wurde der AC I mit einem britischen 2-Pfünder sowie zwei 7,7-mm-MG ausgerüstet. Die 1942 begonnene Serienproduktion des Fahrzeugs endete bereits im Juli 1943 nach nur 65 Exemplaren. Zudem entstand ein weiterer Prototyp, der zunächst mit einem 25-Pfünder (AC III) und schließlich mit einem 17-Pfünder bewaffnet war (AC IV), der AC II kam über das Entwurfsstadium nicht hinaus. Da genügend US-Panzer zur Verfügung standen, wurde der AC I nur für Trainingszwecke verwendet.

Sentinel AC III mit 25-Pfünder-Kanone.

(Tank Museum)

Armoured Carrier (Wheeled, Indian Pattern)

Typ	leichter Panzerspähwagen
Hersteller	Endmontage bei Indian Railways und anderen
Gefechtsgewicht	2715 kg
Länge	4720 mm
Breite	2260 mm
Höhe	1980 mm
Motor	Ford 8-Zylinder-Ottomotor
Hubraum	k.A
Leistung kW/PS	63/85
Leistungsgewicht	31,3 PS/t
Höchstgeschw.	80 km/h (Straße)
Kraftstoffvorrat	k.A
Fahrbereich	360 km (Straße)
Besatzung	3 – 4
Bewaffnung	1 x 7,7-mm-Bren und/oder 1 x 14-mm-Boys Panzerbüchse
Panzerung	max. 14 mm
Furttiefe	0,51 m

Da Großbritannien zu Beginn des 2. Weltkriegs nicht in der Lage war den Bedarf der Commonwealth-Staaten an gepanzerten Fahrzeugen zu decken, begann man auch in Indien mit der Konstruktion eines eigenen, leichten Panzerwagens. Dabei handelte es sich im Grunde um aus Kanada importierte leichte 4x4 Lkw-Fahrgestelle der Marken Ford und GM, die in Indien mit gepanzerten Aufbauten versehen wurden. Es gab insgesamt gab vier Hauptvarianten (Mk I bis MK IV), bei der Version Mk I befand sich der Motor vorn, ab der Ausführung Mk II lag dieser hinten. Die Bewaffnung bestand meist aus einem leichten Bren-MG und/oder einer Boys-Panzerbüchse. Sämtliche Fahrzeuge waren mit Funk ausgerüstet und oben offen. Der ACV-IP diente vor allem bei indischen Einheiten in Nordafrika und Italien sowie dem Nahen und Fernen Osten, war aber auch bei australischen und neuseeländischen Verbänden zu finden. Meist wurden die Wagen als Aufklärungsfahrzeuge, zur Artilleriebeobachtung, als leichte Mannschaftswagen oder bei der Militärpolizei eingesetzt. Von 1940 bis 1944 entstanden 4655 ACV-IP aller Varianten, meist bei Indian Railways.

ACV-IP einer indischen Einheit, 1942 in Nordafrika. (IWM)

Cruiser Tank *Ram*

Typ	Kreuzer-Panzerkampfwagen (Daten für Mk II)
Hersteller	Montreal Locomotive Works
Gefechtsgewicht	29 500 kg
Länge	5790 mm
Breite	2700 mm
Höhe	2600 mm
Motor:	Continental R-975 EC-2, 9-Zylinder-Ottomotor
Hubraum	15 900 ccm
Leistung kw/PS	294/400
Leistungsgewicht	13,6 PS/t
Höchstgeschw.	40 km/h (Straße), 30 km/h (Gelände)
Kraftstoffvorrat	664 l
Fahrbereich	230 km (Straße)
Besatzung	5
Bewaffnung	1 x 6-Pfünder-Kanone (5,7 cm) L/45 oder L/52, 2 x 7,62-mm-Browning-MG
Panzerung	25 – 87 mm
Furttiefe	0,91 m

Mitte 1940 begann man auch in Kanada den Bau eigener Panzer zu forcieren. Um Zeit zu sparen, griff man auf den Antrieb, das Laufwerk und die untere Wanne des mittleren US-Panzers M3 zurück, auf die eine neue obere Wanne mit einem Drehturm aufgesetzt wurde. Ein erster Prototyp wurde ab Juni 1941 erprobt und ab Ende jenes Jahres lief die Serienproduktion des Ram Mk I an, der mit einem britischen 2-Pfünder bewaffnet war. Bereits im Februar 1942 wurde die Fertigung auf den Typ Mk II mit einer 6-Pfünder-Kanone umgestellt. Im Laufe der Produktion kam es zu verschiedenen Verbesserungen, z.B. fielen die seitlichen Ausstiegsluken sowie der neben dem Fahrer befindliche MG-Turm weg und es wurde ein 6-Pfünder mit längerem Rohr eingebaut. Obwohl bis Juli 1943 rund 1950 Ram fertiggestellt wurden, kam der Typ nie als Panzerkampfwagen zum Einsatz. Einige Fahrzeuge, bei denen der 6-Pfünder durch eine Attrappe ersetzt worden war, dienten jedoch als Befehls- oder Beobachtungspanzer. Zudem wurden Ram ohne Turm recht erfolgreich als Schützenpanzer (Ram Kangaroo), Munitionstransporter, Artillerieschlepper oder Bergepanzer verwendet.

Ein früher Ram Mk I mit seitlichen Türen und 2-Pfünder-Kanone.
(Tank Museum)

Self Propelled Gun *Sexton*

Typ	Panzerhaubitze
Hersteller	Montreal Locomotive Works
Gefechtsgewicht	25 855 kg
Länge	6120 mm
Breite	2720 mm
Höhe	2440 mm
Motor:	Continental R-975 EC-2, 9-Zylinder-Ottomotor
Hubraum	15 900 ccm
Leistung kw/PS	294/400
Leistungsgewicht	15,5 PS/t
Höchstgeschw.	40 km/h (Straße), 30 km/h (Gelände)
Kraftstoffvorrat	664 l
Fahrbereich	230 km (Straße)
Besatzung	6
Bewaffnung	1 x 25-Pfünder-Kanone (8,76 cm) L/31, 2 x 7,7-Bren-MG
Panzerung	12 – 25 mm
Furttiefe	1,06 m

Im Jahr 1942 erhielt Großbritannien amerikanische M7 Selbstfahrlafetten, die sich in Nordafrika als sehr effektiv erwiesen. Allerdings waren diese Fahrzeuge mit einer 10,5-cm-Haubitze ausgestattet, die Standardwaffe der Commonwealth-Artillerie war jedoch die 25-Pfünder-Haubitze. Um Schwierigkeiten bei der Versorgung mit einem nicht standardisierten Munitionstyp zu vermeiden, forderte der britische Generalstab daher die kanadische Industrie auf, ein ähnliches, mit einem 25-Pfünder bewaffnetes Fahrzeug zu entwerfen. Der Sexton basierte auf dem Ram, verfügte allerdings über einen geschweißten, oben offenen Panzeraufbau ähnlich dem des M7, jedoch ohne MG-Kanzel auf der rechten Seite. Die Serienproduktion begann Anfang 1943 und bis Ende 1945 verließen insgesamt 2150 Sexton die Werkshallen der Montreal Locomotive Works. Im Laufe der Produktion wurden einige Detailänderungen vorgenommen, die offenkundigste war ein einteiliger, gegossener Wannenbug anstatt eines verschraubten. Zusätzlich wurden ab Ende 1943 Befehls- und Kommandofahrzeuge (Sexton GPO) ohne Haubitzen, dafür jedoch mit zusätzlichen Funkgeräten und Kartentischen geschaffen.

Ein Sexton eines späten Bauloses mit einem M4 Laufwerk und einer einteiligen Bugpanzerung.
(Tank Museum)

Light Reconnaissance Car *Otter*

Der Otter wurde von General Motors Canada als Nachfolger des Humber Light Reconnaissance Car 1942 entwickelt und basierte auf dem Fahrgestell des Chevrolet Lkw C15A mit Allradantrieb. Die Bewaffnung bestand zumeist aus einem Bren-MG und einer Boys-Panzerbüchse in einem kleinen, handbetriebenen Drehturm. Bis 1945 wurden 1761 Otter produziert, die größtenteils bei kanadischen, mitunter aber auch bei britischen Verbänden in Europa als Spähwagen eingesetzt wurden. GM Canada baute auf dem C15A Fahrgestell ab 1943 zudem rund 4000 sehr ähnliche Mannschaftstransporter mit leicht abgeändertem, oben offenen Panzeraufbau ohne Turm. Dieses Armoured Truck C15TA genannte Fahrzeug bot acht Personen Platz und war meist mit einem 7,62 oder 12,7-mm-MG bewaffnet. Zusätzlich gab es eine Version als Ambulanzwagen.

Typ	leichter Panzerspähwagen
Hersteller	General Motors Canada
Gefechtsgewicht	4450 kg
Länge	4500 mm
Breite	2160 mm
Höhe	2440 mm
Motor	GMC 270 6-Zylinder-Ottomotor
Hubraum	k.A
Leistung kW/PS	77/104
Leistungsgewicht	23,4 PS/t
Höchstgeschw.	75 km/h (Straße)
Kraftstoffvorrat	189 l
Fahrbereich	700 km (Straße)
Besatzung	3
Bewaffnung	1 x 7,7-mm-Bren-MG, 1 x 14-mm-Boys Panzerbüchse
Panzerung	6 – 12 mm
Furttiefe	0,61 m

Oben: Zwei Otter in Italien, Zeitpunkt und Einheit unbekannt.

(National Archives of Canada)

Links: Otter der 2nd Canadian Divison in May-sur-Orne (Normandie), 9. August 1944.

(National Archives of Canada)

South African Reconnaissance Car Mk I - IV

Diese Reihe von Fahrzeugen wurde ab 1938 in Südafrika entwickelt. Sämtliche Fahrzeuge basierten auf leichten Ford-Lkw mit 4x2 Antrieb. Ab der Version Mk II kamen allerdings Rüstsätze der US-Firma Marmon-Herrington zum Einbau, die Allradantrieb ermöglichten. Obwohl nur wenige Bauteile von dieser Firma stammten, bezeichneten die Briten die Wagen jedoch allgemein als Marmon-Herrington Armored Car. Die Baureihen Mk I bis Mk III besaßen ähnliche Panzeraufbauten mit Frontmotor und waren im Grunde recht simple, jedoch zuverlässige Fahrzeuge. Ihr Einsatz erfolgte vor allem bei südafrikanischen Verbänden, aber auch andere Armeen des Commonwealth verwendeten in Nordafrika und dem Mittelmeerraum diese Fahrzeuge. Da die Bewaffnung aus leichten MG und einer Boys-Panzerbüchse recht dürftig war, kamen oft erbeutete MK oder leichte Geschütze wie die deutsche 3,7-cm-Pak 35/36 zum Einbau, wozu allerdings der Turm entfernt werden musste. Bis Mitte 1942 wurden insgesamt rund 3600 Wagen gebaut. Die ab 1943 gefertigte Version Mk IV war eine völlige Neuentwicklung und verfügte über eine selbsttragende Wanne mit Heckmotor sowie eine 4-cm-Kanone im Drehturm, von ihr entstanden noch einmal 936 Stück. Verschiedene Weiterentwicklungen kamen über Prototypen nicht hinaus.

Typ	leichter Panzerspähwagen (Daten für Mk III)
Hersteller	Endmontage bei Dorman Long Steel Co.
Gefechtsgewicht	5675 kg
Länge	5309 mm
Breite	2299 mm
Höhe	2502 mm
Motor	Ford 8-Zylinder-Ottomotor
Hubraum	k.A
Leistung kW/PS	63/85
Leistungsgewicht	15 PS/t
Höchstgeschw.	80 km/h (Straße)
Kraftstoffvorrat	151 l
Fahrbereich	320 km (Straße)
Besatzung	3
Bewaffnung	1 – 2 x 7,7-mm-Bren oder Vickers-MG, 1 x 14-mm-Boys Panzerbüchse
Panzerung	max. 12 mm
Furttiefe	0,46 m

Marmon Herrington Panzerwagen des 4th South African Armoured Car Regiment, Libyen, Zeitpunkt unbekannt. (Rick Allenburg)

Leichter Panzerspähwagen BA-20

Der BA-20 basierte auf einem zivilen Pkw-Fahrgestell der Marke GAZ-M1, das selbst wiederum eine Weiterentwicklung eines Ford-Entwurfes war. Der ab 1936 in Serie gebaute BA-20 stand 1941 in großen Zahlen bei den Aufklärungseinheiten der Roten Armee in Dienst. Da das zweiachsige Fahrzeug nur über Hinterradantrieb verfügte, war seine Geländegängigkeit allerdings stark eingeschränkt. Neben der zahlenmäßig am häufigsten auftretenden Aufklärungsvariante ohne Funkausstattung, gab es noch eine Funkversion mit Rahmenantenne (BA-20V) sowie ein Modell, das zur Fahrt auf Eisenbahngeleisen umgerüstet werden konnte (BA-20 ZhD). Ab 1938 wurde die Version BA-20M hergestellt, die über einen veränderten Turm, eine standardmäßige Funkanlage mit Peitschenantenne und einen vergrößerten Tank verfügte. Insgesamt wurden bis Ende 1941 rund 4800 Panzerwagen vom Typ BA-20 gebaut. Der BA-20 wird oft mit dem FAI-Panzerwagen verwechselt, der ebenfalls auf einem Ford-Fahrgestell basierte und von dem seit 1930 636 Exemplare produziert wurden. 1941 standen jedoch nur noch wenige davon in Dienst. Das Hauptunterscheidungsmerkmal sind die halbkugelförmigen Kuppeln für Fahrer und Beifahrer des FAI.

Typ	leichter Panzerspähwagen
Hersteller	sowjetische Staatsbetriebe
Gefechtsgewicht	2500 kg
Länge	4300 mm
Breite	1750 mm
Höhe	2310 mm
Motor	GAZ M-1 4-Zylinder-Ottomotor
Hubraum	3300 ccm
Leistung kW/PS	37/50
Leistungsgewicht	20 PS/t
Höchstgeschw.t	85 km/h (Straße), 28 km/h (Gelände)
Kraftstoffvorrat	k.A.
Fahrbereich	350 km (Straße), 200 km (Gelände)
Besatzung	2 – 3
Bewaffnung	1 x 7,62-mm-DT-MG
Panzerung	max. 10 mm
Furttiefe	k.A

Soldaten der Wehrmacht vor einem erbeuteten BA-20, Ostfront, 22. Juni 1941. (NARA)

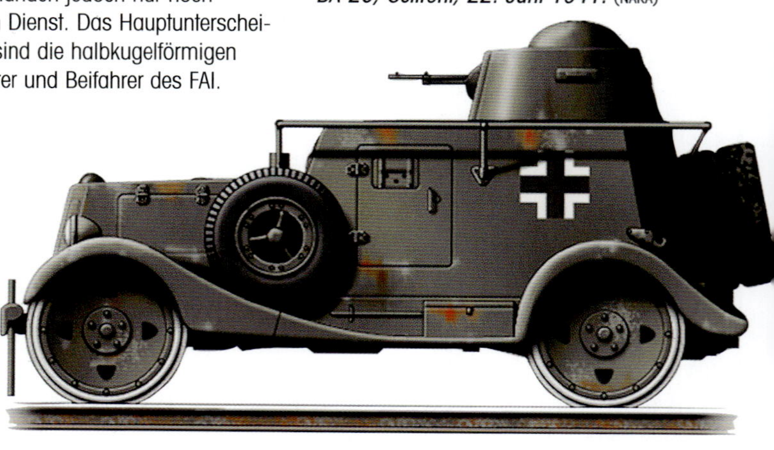

Ein von der Wehrmacht eingesetzter BA-20 ZhD mit Rahmenantenne.

(Vincent Bourguignon)

Panzerspähwagen BA-10

Typ	Panzerspähwagen (Daten für BA-10A)
Hersteller	Sowjetische Staatsbetriebe
Gefechtsgewicht	5140 kg
Länge	4650 mm
Breite	2070 mm
Höhe	2210 mm
Motor	GAZ M-1 4-Zylinder-Ottomotor
Hubraum	3300 ccm
Leistung kW/PS	37/50
Leistungsgewicht	9,7 PS/t
Höchstgeschw.	55 km/h (Straße)
Kraftstoffvorrat	k.A
Fahrbereich	300 km (Straße)
Besatzung	4
Bewaffnung	1 x 4,5-cm-KwK 20-K, 2 x 7,62-mm-DT-MG
Panzerung	4 – 15 mm
Furttiefe	0,6 m

Der BA-10 war der Abschluss einer Reihe von äußerlich recht ähnlichen sowjetischen Spähwagen (BA-3, BA-6, BA-10), die auf handelsüblichen, modifizierten 6x4 Ford (GAZ-AAA) Fahrgestellen beruhten. Der BA-3 von 1934 und der BA-6 von 1936 wiesen schwerwiegende Mängel auf. Sie wurden von der Roten Armee, abgesehen von ihrer leistungsfähigen 4,5-cm-Waffe, als wenig brauchbar angesehen. Dies spiegelte sich auch in den Produktionszahlen der verschiedenen Typen wieder, so wurden vom BA-3 169, vom BA-6 386 und vom BA-10 3311 Exemplare gebaut. Allen gemein war der vorn liegende Motor, ein MG in Kugelblende in der Fahrerfront, seitlich angebrachte, frei drehbare Ersatzräder, die das Aufsetzen im Gelände verhindern sollten, sowie die Möglichkeit Ketten als Traktionshilfe auf die hinteren Räder aufzuziehen. Dennoch war die Geländegängigkeit sämtlicher Modelle aufgrund fehlenden Allradantriebs, des schwachen 50-PS-Motors und eines hohen Bodendrucks nicht ausreichend. Die 1938 eingeführte Grundversion des BA-10 war mit einer 3,7-cm-Kanone bewaffnet, die ab 1939 (BA-10A) durch eine 4,5cm-Waffe ersetzt wurde. Eine weitere, jedoch sehr seltene Variante war der BA-10ZD, der in der Lage war auf Eisenbahnschienen zu fahren. Die Produktion des BA-10A endete im November 1941, Ende 1943 wurden die letzten Exemplare aus dem Dienst genommen.

Ostfront, Sommer 1941. Ein recht mitgenommener BA-10A mit fehlenden seitlichen Ersatzrädern. Die auf die Hinterräder aufziehbaren Ketten sind am Heck befestigt. (WKA)

Panzerspähwagen BA-64

Typ	leichter Panzerspähwagen (Daten für BA-64)
Hersteller	Sowjetische Staatsbetriebe
Gefechtsgewicht	2400 kg
Länge	3660 mm
Breite	1530 mm
Höhe	1900 mm
Motor	GAZ-64 4-Zylinder-Ottomotor
Hubraum	3300 ccm
Leistung kW/PS	40/54
Leistungsgewicht	22,5 PS/t
Höchstgeschw.	80 km/h (Straße)
Kraftstoffvorrat	90 l
Fahrbereich	600 km (Straße)
Besatzung	2
Bewaffnung	1 x 4,5-cm-KwK K20, 2 x 7,62-mm-DT-MG
Panzerung	4 – 15 mm
Furttiefe	0,9

Die Entwicklung dieses leichten Erkundungs- und Verbindungsfahrzeugs begann im Juli 1941, im Juni des darauffolgenden Jahres wurden die ersten Exemplare des BA-64 bei den Aufklärungseinheiten der Roten Armee in Dienst gestellt und lösten nach und nach den BA-20 ab. Der BA-64 basierte auf dem 4x4 Fahrgestell des leichten Geländewagens GAZ-64. Der winklige Panzeraufbau, der stark von den leichten deutschen Panzerspähwagen beeinflusst worden war, war nach oben geschlossen und trug einen kleinen handbedienten Drehturm mit einem 7,62-mm-DT-MG. Ab dem Frühjahr 1943 wurde die Version BA-64B produziert, die eine größere Spurweite besaß, um die Seitenstabilität zu erhöhen. Der BA-64 wurde teils mit, teils ohne Funkausrüstung eingesetzt. Zudem gab eine Version mit einem 12,7-mm-DSchK-MG, mitunter wurden im Feld aber auch 14,5-mm-Panzerbüchsen oder erbeutete deutsche 2-cm-MK eingebaut. Zur Kontrolle von Schienenwegen entstand eine Variante, die auf Gleisen fahren konnte (BA-64ZhD). Insgesamt wurden bis kurz nach Kriegsende 9110 BA-64 aller Versionen gefertigt.

BA-64 mit 7,62-mm-DT-MG im Drehturm.

Artillerie-schlepper T-20 Komsomolyets

Typ	gepanzerter Artillerieschlepper
Hersteller	Staatsbetriebe der UdSSR
Gefechtsgewicht	4000 kg
Länge	3400 mm
Breite	1840 mm
Höhe	1580 mm
Motor	GAZ M50, 4-Zylinder-Ottomotor
Hubraum	3300 ccm
Leistung kW/PS	37/50
Leistungsgewicht	12,5 PS/t
Höchstgeschw.	40 km/h (Straße)
Kraftstoffvorrat	115 l
Fahrbereich	250 km (Straße)
Besatzung	2 + 6
Bewaffnung	1 x 7,62-mm-DT-MG
Panzerung	7 – 10 mm
Furttiefe	0,6 m

Dieses Fahrzeug wurde ab 1936 in der Sowjetunion als Zugmittel für leichte Artilleriegeschütze wie 4,5-cm-Pak oder 12-cm-Granatwerfer entwickelt und von 1937 bis 1941 in großer Zahl gebaut. Insgesamt standen im Juni 1941 über 6700 dieser kleinen Artillerieschlepper in Diensten der Roten Armee. Der Fahrer saß vorn links, ein Schütze für ein DT-MG in Kugelblende rechts neben ihm, während die maximal sechs Mann starke Geschützbedienung Rücken an Rücken auf offenen Holzsitzbänken in der Fahrzeugmitte Platz fand. Bei schlechter Witterung konnte eine Plane aufgezogen werden. Nach dem deutschen Überfall auf die UdSSR im Sommer 1941 entstand auf Basis des T-20 eine improvisierte Selbstfahrlafette. Dabei wurde eine 5,7-cm-Pak ZIS-2 mit einem Schutzschild auf die Wanne des T-20 montiert. Panzerschutz zu den Seiten, nach oben oder hinten war für die Pak-Bedienung nicht vorhanden.
Nur rund 100 dieser Panzerjäger wurden gebaut, da das Fahrgestell sich als überlastet erwies und zudem zu wenige T-20 zur Verfügung standen.

T-20 mit 4,5-cm-Pak im Schlepp bei einer Parade.

T-37A

Typ	amphibischer leichter Panzerkampfwagen
Hersteller	Staatsbetriebe der UdSSR
Gefechtsgewicht	3200 kg
Länge	3730 mm
Breite	1940 mm
Höhe	1840 mm
Motor	GAZ-AA, 4-Zylinder-Ottomotor
Hubraum	3285 ccm
Leistung kW/PS	29,5/40
Leistungsgewicht	12,5 PS/t
Höchstgeschw.	40 km/h (Straße), 15 km/h (Gelände)
Kraftstoffvorrat	120 l
Fahrbereich	230 km (Straße)
Besatzung	2
Bewaffnung	1 x 7,62-mm-DT-MG
Panzerung	4 – 8 mm
Furttiefe	schwimmfähig

Die UdSSR kaufte 1930 von Vickers-Armstrong einige leichte Schwimmpanzer-Prototypen des Typs A4E11 mit Carden-Loyd Laufwerk und entwickelte daraus 1933 den T-37, von dem jedoch nur 70 Stück gebaut wurden, bevor die verbesserte Version T-37A in Serie ging. Eine voluminöse, genietete Wanne mit zusätzlichen Auftriebskörpern über dem Laufwerk sowie eine sehr leichte Panzerung stellten die Schwimmfähigkeit des Typs sicher. Der Vortrieb im Wasser erfolgte über einen am Heck angebrachten Schraubenpropeller. Der Fahrer saß links, der Kommandant rechts neben ihm und bediente ein 7,62-mm-MG vom Typ DT in einem kleinen, handbetriebenen Drehturm. Obwohl die Hauptaufgabe des T-37 die Aufklärung war, wurden nur Befehlsfahrzeuge (T-37TU) mit Funkgeräten ausgerüstet. Der T-37 war der erste in Serie gebaute Amphibienpanzer der Welt und wurde bis 1936 in insgesamt rund 1200 Exemplaren hergestellt, von denen viele auch noch im Sommer 1941 bei Aufklärungseinheiten der Roten Armee zu finden waren. Ende 1941 waren jedoch praktisch alle T-37 verloren gegangen.

Schwedische Freiwillige der finnischen Armee erbeuteten während des Winterkrieges gegen die UdSSR (1939-40) diesen T-37A. (Pansarmuseet)

T-38

Typ	amphibischer leichter Panzerkampfwagen
Hersteller	Staatsbetriebe der UdSSR
Gefechtsgewicht	3300 kg
Länge	3780 mm
Breite	2334 mm
Höhe	1630 mm
Motor	GAZ-AA, 4-Zylinder-Ottomotor
Hubraum	3285 ccm
Leistung kW/PS	29,5/40
Leistungsgewicht	12,1 PS/t
Höchstgeschw.t	40 km/h (Straße), 15 km/h (Gelände)
Kraftstoffvorrat	120 l
Fahrbereich	250 km (Straße)
Besatzung	2
Bewaffnung	1 x 7,62-mm-DT-MG (teils 1 x 2-cm-MK SchWAK)
Panzerung	4 – 9 mm
Furttiefe	schwimmfähig

Der T-38 war eine verbesserte Version des T-37 und wurde von 1936 bis 1938 in Serie gebaut. Um bessere Schwimmeigenschaften zu erzielen, war die Wanne breiter und flacher als jene des T-37, auf zusätzliche Auftriebskörper außerhalb der Wanne konnte dadurch verzichtet werden. Teile des Panzers waren nun geschweißt. Der Drehturm des Kommandanten war auf die linke Seite der Wanne versetzt worden, Laufwerk und Antrieb blieben jedoch praktisch unverändert. Ab 1939 wurde die Version T-38M mit einem stärkeren GAZ-M1 Motor (50 PS) produziert. Von insgesamt 1340 T-38 und T-38A, die bis 1939 die Werkshallen verließen, waren nur 165 mit Funk ausgerüstet. Einige Fahrzeuge wurden mit 2-cm-MK des Typs SchWAK versehen, um ihre dürftige Feuerkraft zu erhöhen. Obwohl die überwiegende Mehrzahl der T-38 in den Monaten nach dem deutschen Überfall verloren gingen, verwendeten die Sowjets Panzer dieses Typs noch bis 1944. Sowohl der T-37 als auch der T-38 waren recht mobil und gaben brauchbare Erkundungsfahrzeuge ab, waren jedoch viel zu leicht gepanzert und bewaffnet. Zudem ließ ihre Schwimmfähigkeit zu wünschen übrig: Die Wannen waren nicht selten undicht, weswegen immer wieder Fahrzeuge beim Überqueren von Gewässern versanken.

Ein T-38 in einem Museum in Kirowsk, Russland. (PD)

T-40

Da auch der T-38 nicht überzeugen konnte, entwickelte das für diesen Panzer zuständige Team ab Anfang 1939 einen völlig neuen Entwurf, den T-40. Die Wanne war nun vollständig geschweißt und die Luken konnten wasserdicht verschlossen werden, zudem wurden Lenzpumpen installiert und am Bug ein aufrichtbares Schwallschild angebracht. Erstmals im sowjetischen Panzerbau wurde ein Drehstablaufwerk verwendet. Die Panzerung wurde auf maximal 15 mm verstärkt und so weit wie möglich schräggestellt, um die Schutzwirkung zu erhöhen. Der T-40 war mit Funk, einem magnetischen Kompass und einer Feuerlöschanlage ausgerüstet.

Die Serienproduktion begann im Oktober 1940 und bis zum 22. Juni 1941 wurden 179 Fahrzeuge ausgeliefert. Die hohen Panzerverluste der Rote Armee im Sommer 1941 führten dazu, dass man die Produktion des T-40 beschleunigen wollte. So fiel zunächst die amphibische Ausrüstung und die Funkanlage fort (T-40S). Zusätzlich wurde ab September/Oktober 1941 die Panzerung auf bis zu 20 mm verstärkt und mitunter kam die 2-cm-SchWak-MK L/82 zum Einbau. Diese Version wird oft als T-30 bezeichnet. Insgesamt wurden bis Ende 1941 722 T-40 aller Versionen gebaut, darunter auch 44 Fahrgestelle, die mit einem 24-fach-Raketenwerfer M-8 Kaliber 8 cm ausgerüstet waren.

Typ	amphibischer leichter Panzerkampfwagen (Daten für T-40)
Hersteller	Staatsbetriebe der UdSSR
Gefechtsgewicht	5500 kg
Länge	4110 mm
Breite	2330 mm
Höhe	1905 mm
Motor	GAZ-202, 6-Zylinder-Ottomotor
Hubraum	3480 ccm
Leistung kW/PS	51,5/70
Leistungsgewicht	12,7 PS/t
Höchstgeschw.	44 km/h (Straße), 20 km/h (Gelände), 6 km/h (Wasser)
Kraftstoffvorrat	206 l
Fahrbereich	300 km (Straße)
Besatzung	2
Bewaffnung	1 x 12,7-mm-DSchK-MG, 1 x 7,62-mm-DT-MG koaxial
Panzerung	5 – 15 mm
Furttiefe	schwimmfähig

Seitenansicht des T-40.
(Oliver Missing)

T-60

Typ	leichter Panzerkampfwagen (Daten für T-60A)
Hersteller	Staatsbetriebe der UdSSR
Gefechtsgewicht	6400 kg
Länge	4100 mm
Breite	2392 mm
Höhe	1750 mm
Motor	GAZ-202, 6-Zylinder-Ottomotor
Hubraum	3480 ccm
Leistung kW/PS	51,5/70
Leistungsgewicht	10,9 PS/t
Höchstgeschw.	42 km/h (Straße), 20 km/h (Gelände)
Kraftstoffvorrat	320 l
Fahrbereich	450 km (Straße)
Besatzung	2
Bewaffnung	1 x 2-cm-SchWAK-MK L/82, 1 x 7,62-mm-DT-MG koaxial
Panzerung	10 – 35 mm
Furttiefe	0,87 m

Angesichts der Kämpfe im Sommer 1941 erachtete die Rote Armee die Schwimmfähigkeit des T-40 als sekundär, weitaus wünschenswerter erschienen eine stärkere Bewaffnung und Panzerung. Daher entwarf das für den T-40 verantwortliche Konstruktionsteam im August 1941 den nicht amphibischen T-60, der sich zahlreicher Komponenten (Laufwerk, Motor, Getriebe) seines Vorläufers bediente. Die Wanne des T-40 wurde stärker gepanzert und neu gestaltet sowie ein einfach zu fertigender Turm entwickelt. Die Bewaffnung bestand aus einer 2-cm-MK des Typs SchWAK, ursprünglich eine Flugzeugwaffe. Anfang 1942 erschien der T-60A, der eine an der Wannen- und Turmfront auf 35 mm verstärkte Panzerung und vereinfachte Laufrollen aufwies. Die meisten T-60 gingen an Aufklärungseinheiten oder dienten der direkten Infanterieunterstützung. Obwohl für letztere Aufgabe nicht geeignet, gab es für die Rote Armee 1942 keine Alternative. Die Produktion des T-60 wurde im Herbst 1942 nach fast 6000 Exemplaren eingestellt. Überzählige T-60 wurden zu Artillerieschleppern oder Trägerfahrzeugen für 24-Fach-Raketenwerfer M-8 im Kaliber 8 cm verwendet.

Oben: Von der Wehrmacht erbeuteter T-60A der Kampfgruppe Scherer, Cholm, Frühjahr 1942. (Ba cc-by-sa 3.0)

T-60 der 3. Garde-Panzerbrigade, Kalinin-Front, 1942. (Vincent Bourguignon)

T-70M

Typ	leichter Panzerkampfwagen (Daten für T-70M)
Hersteller	Staatsbetriebe der UdSSR
Gefechtsgewicht	9950 kg
Länge	4285 mm
Breite	2420 mm
Höhe	2035 mm
Motor	2 x GAZ-202, 6-Zylinder-Ottomotor
Hubraum	2 x 3480 ccm
Leistung kW/PS	zusammen 103/140
Leistungsgewicht	12,7 PS/t
Höchstgeschw.	42 km/h (Straße), 20 km/h (Gelände)
Kraftstoffvorrat	440 l
Fahrbereich	250 km (Straße)
Besatzung	2
Bewaffnung	1 x 4,5-cm-Kanone 20-K L/46, 1 x 7,62-mm-DT-MG koaxial
Panzerung	10 – 50 mm
Furttiefe	0,9 m

Bereits im Dezember 1941 begann das T-60 Entwurfsteam mit den Arbeiten an einem Nachfolgetypen. Hauptziel war die Verbesserung der Panzerung (max. 50 mm) und Bewaffnung (eine 4,5-cm-Kanone), wodurch das Gewicht um rund ein Drittel stieg. Aus diesem Grund plante man den Einbau zweier GAZ-202-Triebwerke, die über je ein separates Getriebe eine Laufwerksseite antreiben sollten. In der Praxis erwies sich diese Idee jedoch mehr als problematisch, bereits nach wenigen Exemplaren wurde die Fertigung des T-70 daher eingestellt. Im März 1942 erschien dann der T-70M, dessen zwei GAZ-202 gemeinsam auf ein Getriebe wirkten. Zudem war der Turm weiter vereinfacht worden, um die Produktion zu beschleunigen. Bis zum Herbst 1942 lief die Produktion von T-70 und T-60 parallel, dann ersetzte ersterer den T-60 gänzlich. Im Oktober 1943 endete die Herstellung des T-70 nach 8231 Panzern (inklusive fünf Prototypen). Obwohl für einen leichten Panzer gut gepanzert und bewaffnet, litt der Einsatzwert des Typs unter der zu kleinen Besatzung. Der Kommandant war hoffnungslos überfordert. Ein mit einem Drei-Mann-Turm ausgerüsteter Nachfolger (T-80) wurde nur in wenigen Exemplaren gefertigt.

T-70 im Museum von Togliatti, Russland.
(Sergei Sorokin cc-by-sa 3.0)

T-26

Die Sowjetunion erwarb 1930 zwei Vickers-6-Tonner und entwickelte daraus einen leichten Panzer zur Infanterieunterstützung, den T-26. Ab 1931 wurde der T-26 Modell 1931 in Serie gebaut, der zwei nebeneinander liegende Türme mit je einem DT-MG besaß, die Version 1932 verfügte ebenfalls über zwei Türme, war jedoch mit einer 3,7-cm-Kanone und einem 7,62-mm-MG bewaffnet. Die restliche Auslegung des Panzers war konventionell, der Fahrer saß im Bug, in der Mitte befand sich der Kampfraum und hinten war ein Ottomotor untergebracht, der über eine Kardanwelle auf das vorn liegende Getriebe wirkte. Ab dem Modell 1933 verfügte der T-26 nur noch über einen einzigen Drehturm mit einer 4,5-cm-Kanone L/46, die für die damalige Zeit eine leistungsstarke Bewaffnung darstellte. Befehlsfahrzeuge waren an einer charakteristischen Rahmenantenne rund um den Turm zu erkennen.

Das Modell 1936 verdankt seine Entstehung den Erfahrungen aus den Grenzscharmützeln gegen die japanische Armee in der Mandschurei 1934-35, bei denen sich die Panzerung des T-26 als zu schwach erwies und Nieten bei Treffern oft abplatzten und durch den Panzerinnenraum flogen – nicht selten mit tödlichen Folgen für die Besatzung. So wurde die Wannenpanzerung des T-26 ab dem Modell 1936 verstärkt und geschweißt. Im Turmheck wurde ein zusätzliches DT-MG in einer Kugelblende sowie eine Fla-MG-Laffete auf dem Turm installiert. Das ab 1938 produzierte Modell erhielt einen neuen, ballistisch besser geformten geschweißten Turm, neue Zieloptiken sowie eine verbesserte 4,5-cm-Kanone des Typs 20-K. Die schon bei Modell 1936 vergrößerten Treibstofftanks gewannen noch einmal an Kapazität, um den Aktionsradius im Feld zu erweitern. Das Modell 1939 war die letzte in großen Stückzahlen gebaute Version des T-26. Der Turm wurde noch einmal verändert, um besseren Schutz zu gewähren und auch die obere Wanne erhielt eine stärkere, abgeschrägte Panzerung. Die Triebstofftanks wurden erneut vergrößert und auch der Munitionsvorrat erhöht. Dennoch zeigten die Erfahrungen des Spanischen Bürgerkriegs und be-

Befehlspanzer T-26 Modell 1933 mit Rahmenantenne einer unbekannten Einheit, Woronesch, Juli 1942. (WKA)

sonders die des Winterkriegs gegen Finnland 1939-40, dass der T-26 auch in seinen modernsten Versionen zeitgenössischen Pak und sogar Panzerbüchsen nicht mehr gewachsen war. In kleinen Stückzahlen entstand daher 1940 noch eine Variante des T-26 mit bis auf 50 mm verstärkter Panzerung (T-26E). Nach dem Überfall der Wehrmacht auf die Sowjetunion wurden T-26 zudem nicht selten mit Zusatzpanzerungen versehen. Insgesamt wurden über 12 000 T-26 aller Varianten produziert, wozu neben den genannten Typen auch eine Nahunterstützungsversion mit einer 7,62-cm-Haubitze (T-26A), Funk- und Befehlsfahrzeuge, Selbstfahrlafetten und nicht weniger als vier verschiene Flammpanzer (OT-26, OT-130, OT-133 und OT-134) zählten. Hinzu kamen Artillerieschlepper, Transportfahrzeuge für Mannschaften, Munition und Treibstoff sowie Pionierpanzer. Im Sommer 1941 waren noch über 10 000 T-26 aller Modelle im Dienst und stellten damit die Masse der Panzereinheiten der Roten Armee. Obwohl Tausende in der ersten Zeit des Ostfeldszuges verloren gingen, setzte die Rote Armee auch noch 1945 vereinzelt T-26 ein.

Typ	leichter Panzerkampfwagen zur Infanterieunterstützung (Daten für T-26 Modell 1933)
Hersteller	Staatsbetriebe der UdSSR
Gefechtsgewicht	9600 kg
Länge	4880 mm
Breite	2410 mm
Höhe	2240 mm
Motor	GAZ-T-26, 6-Zylinder-Ottomotor
Hubraum	k.A
Leistung kW/PS	66/90
Leistungsgewicht	9,4 PS/t
Höchstgeschw.	32 km/h (Straße), 12 km/h (Gelände)
Kraftstoffvorrat	290 l
Fahrbereich	240 km (Straße)
Besatzung	3
Bewaffnung	1 x 4,5-cm-Kanone 20-K L/46, 1 x 7,62-mm-DT-MG koaxial
Panzerung	6 – 15 mm
Furttiefe	0,8 m

Rechts: T-26 Modell 1931 mit zwei nebeneinander liegenden MG-Türmen, Ostfront, Sommer 1941. (WKA)

September 1942: Wehrmachtsangehörige auf einem erbeuteten T-26 Modell 1933.

T-50

Der T-50 war als besser gepanzerter Nachfolger des T-26 zur Infanterieunterstützung geplant. Die ersten beiden Pilotfahrzeuge dieses neuen Typs wurden zur Jahreswende 1940/41 fertiggestellt und zeigten zahlreiche innovative Merkmale. So verfügte das Fahrzeug über Drehstabfederung, allseits abgeschrägte Panzerung, einen gegossenen Drei-Mann-Turm mit Kommandantenkuppel und Winkelspiegeln, ein serienmäßiges Funkgerät sowie einen neuentwickelten Dieselmotor. Aufgrund zahlreicher Probleme, vor allem mit dem W-4-Motor und der Verlagerung des Fertigungswerkes von Leningrad nach Omsk in Sibirien, lief die Serienproduktion jedoch nur sehr langsam an. Da trotz aller Versuche nicht alle Schwierigkeiten beseitigt werden konnten und sich herausstellte, dass ein T-50 in der Herstellung teurer war als ein T-34, wurde die Produktion bereits nach nur 63 Exemplaren im Januar 1942 wieder gestoppt. Die Rolle des T-50 übernahmen stattdessen die simpleren, aber auch wesentlich preiswerter und rascher herzustellenden, T-60 und T-70.

Typ	leichter Panzerkampfwagen zur Infanterieunterstützung
Hersteller	Staatsbetriebe der UdSSR
Gefechtsgewicht	13 715 kg
Länge	5180 mm
Breite	2480 mm
Höhe	2160 mm
Motor	W-4, 6-Zylinder-Dieselmotor
Hubraum	k.A
Leistung kW/PS	221/300
Leistungsgewicht	21,9 PS/t
Höchstgeschw.	60 km/h (Straße), 40 km/h (Gelände)
Kraftstoffvorrat	350 l
Fahrbereich	350 km (Straße)
Besatzung	4
Bewaffnung	1 x 4,5-cm-Kanone 20-K L/46, 1 x 7,62-mm-DT-MG koaxial
Panzerung	12 – 37 mm
Furttiefe	1,1 m

T-50 im Panzermuseum Kubinka, Moskau.

BT-5

Typ	mittlerer Panzerkampfwagen
Hersteller	Staatsbetriebe der UdSSR
Gefechtsgewicht	11 500 kg
Länge	5490 mm
Breite	2230 mm
Höhe	2210 mm
Motor	M-5, 12-Zylinder-Ottomotor
Hubraum	27 040 ccm
Leistung kW/PS	257/350
Leistungsgewicht	30,4 PS/t
Höchstgeschw.t	52 km/h (Straße/Kette), 72 km/h (Straße/Räder)
Kraftstoffvorrat	360 l
Fahrbereich	200 km (Straße/Kette), 300 (Straße/Räder)
Besatzung	3
Bewaffnung	1 x 4,5-cm-Kanone 20-K L/46, 1 – 2 x 7,62-mm-DT-MG
Panzerung	6 – 15 mm
Furttiefe	1 m

Das Laufwerk des BT-5 basiert auf zwei 1930 in den USA angekauften Fahrzeugen von J. Walther Cristie, aus denen in der UdSSR eine Reihe von schnellen Panzerkampfwagen (Bystrokhodnyi Tank – BT) entwickelt wurde, welche auf der Straße auch ohne Ketten fahren konnten. Die hinteren Laufräder waren angetrieben und die vorderen lenkbar, sodass der Panzer dann wie ein Radfahrzeug gefahren wurde. Da das Auf- und Abziehen der Ketten recht zeitraubend war, wurde diese Option jedoch häufig nicht genutzt. Der erste in Serie gebaute Typ (rund 400 Exemplare) war der BT-2, der jedoch noch nicht ausgereift und sehr unzuverlässig war. Nach den Versuchsmodellen BT-3 und 4 erschien Ende 1932 der BT-5, der dank eines modifizierten Liberty-Flugzeugmotors sehr mobil war. Zwar war der BT-5 nur leicht gepanzert, seine 4,5-cm-Kanone war jedoch für jene Zeit sehr leistungsfähig. Befehlsfahrzeuge (BT-5TU) waren an einer typischen Rahmenantenne rund um den Turm zu erkennen. Bis Ende 1934 wurden rund 2000 BT-5 gebaut, von denen viele (sowie einige BT-2) noch im Sommer 1941 in Dienst standen.

Ihre schwache Panzerung, taktische Unzulänglichkeiten und Ersatzteilemangel sorgten jedoch dafür, dass die meisten Panzer rasch verloren gingen.

Seitenansicht des BT-5.

BT-7

Der 1935 erschienene BT-7 war eine Weiterentwicklung des BT-5 mit überarbeiteter, geschweißter Wanne, neuem, stärkeren Motor und Getriebe. Äußerlich war er dem BT-5 sehr ähnlich, auch weil der BT-7 den gleichen, genieteten Turm mit einer 4,5-cm-Kanone verwendete. Der BT-7 Modell 1937 erhielt schließlich einen vollständig geschweißten Turm in leicht konischer Form. Späte Panzer der Version 1937 besaßen im Turmheck ein zusätzliche DT-MG. Eine BT-7A genannte Variante war mit einer 7,62-cm-Haubitze im Turm ausgerüstet. Ab 1939 wurde eine BT-7M (auch BT-8) genannte Ausführung mit neuem Dieselmotor und leicht verstärkter Panzerung gebaut. Die Produktion des BT-7 endete 1941 nach rund 5000 Exemplaren. Obschon auch von diesem Typ 1941 Tausende verloren gingen, setzte die Rote Armee den BT-7 noch 1945 im Fernen Osten ein.

Typ	mittlerer Panzerkampfwagen (Daten für BT-7 Modell 1937)
Hersteller	Staatsbetriebe der UdSSR
Gefechtsgewicht	13900 kg
Länge	5660 mm
Breite	2390 mm
Höhe	2410 mm
Motor	M-17T, 12-Zylinder-Ottomotor
Hubraum	49 600 ccm
Leistung kW/PS	331/450
Leistungsgewicht	32,4 PS/t
Höchstgeschw.	52 km/h (Straße/Kette), 86 km/h (Straße/Räder)
Kraftstoffvorrat	620 l
Fahrbereich	400 km (Straße/Kette), 500 (Straße/Räder)
Besatzung	3
Bewaffnung	1 x 4,5-cm-Kanone 20-K L/46, 1 – 2 x 7,62-mm-DT-MG
Panzerung	6 – 22 mm
Furttiefe	1,2 m

Links: BT-7M auf Rädern.

Unten: BT-7 Modell 1937 mit einem vollständig geschweißten Turm ohne MG im Turmheck. (Vincent Bourguignon)

T-34/76

Typ	mittlerer Panzerkampfwagen (Daten für T-34/76 Modell 1943)
Hersteller	Staatsbetriebe der UdSSR
Gefechtsgewicht	26 500 kg
Länge	6100 mm (ohne Rohr)
Breite	3000 mm
Höhe	2650 mm
Motor	W-2-34, 12-Zylinder-Dieselmotor
Hubraum	38 900 ccm
Leistung kW/PS	368/500
Leistungsgewicht	18,7 PS/t
Höchstgeschw.	55 km/h (Straße), 25 km/h (Gelände)
Kraftstoffvorrat	480 l
Fahrbereich	450 km (Straße), 260 km (Gelände)
Besatzung	4
Bewaffnung	1 x 7,62-cm-Kanone F-34 L/41, 2 x 7,62-mm-DT-MG
Panzerung	14 – 70 mm
Furttiefe	1,3 m

Die Geschichte des T-34 begann 1937 als konsequente Weiterentwicklung der BT-Reihe. Man verzichtete auf die nur selten genutzte Möglichkeit des Räderantriebes und schuf ein Fahrzeug mit allseits abgeschrägten Flächen zur maximalen Geschossablenkung. Über den Prototyp A-20 und den T-32 kam man im Frühjahr 1940 zum T-34. Seine breiten Gleisketten sorgten für einen geringen Bodendruck und machten ihn auch in Schlamm und Schnee beweglich, ein kraftvoller Diesel und ein verbessertes Christie-Laufwerk sorgten für Mobilität. Zudem sank die Feuergefahr, da Diesel schwerer entflammbar ist als Benzin. Die 1940 gebauten Modelle verfügten noch über eine kurze 7,62-cm-Kanone L-11 L/30, ab dem Modell 1941 kam dann aber die leistungsstärkere F-34 L/41 zum Einbau. Als die Wehrmacht im Sommer 1941 auf T-34/76 stieß, erlebte sie einen Schock. Nur die 8,8-cm-Flak war ohne Probleme in der Lage die Panzerung des T-34/76 zu durchdringen. Natürlich hatte aber auch der T-34/76 Nachteile, so fielen nicht wenige Panzer wegen Getriebeschäden aus. Der Zwei-Mann-Turm bürdete dem Kommandanten zusätzliche Aufgaben auf, was, zusammen mit der Tatsache, dass zunächst viele Panzer noch ohne Funkausrüstung waren, den taktischen Wert des T-34/76 einschränkte.

Im Laufe der Serienproduktion des T-34/76 wurden mehrere Veränderungen, insbesondere an der Turmform, den Luken und Laufrädern vorgenommen. Der in kleinen Stückzahlen gebaute T-34/57 war ein speziell zur Panzerabwehr geschaffenes Fahrzeug mit einer 5,7-cm-Pak ZIS-4. Zudem existierte eine Flammpanzerausführung (OT-34), sowie Berge- und Brückenfahrzeuge auf Basis des T-34/76. Der T-34/76 blieb bis 1945 in Produktion und wurde in insgesamt über 35 000 Exemplaren gebaut.

Ein Vorserienfahrzeug des T-34/76 Modell 1940 mit der 7,62-cm-Kanone L-11 L/30.

T-34/76 Modell 1941.

T-34/76 Modell 1942, erkennbar am veränderten Turm. (WKA)

T-34/76 Modell 1943. Man beachte den erneut veränderten Turm mit Kommandantenkuppel. (WKA)

T-34/85

Um den T-34 gegenüber den neuen deutschen Panzern wie Tiger und Panther nicht ins Hintertreffen geraten zu lassen, begannen im Frühjahr 1943 die ersten Arbeiten an einer Version, die mit einer 8,5-cm-Kanone bewaffnet sein sollte. Diese Waffe war die Weiterentwicklung einer bereits bei der Roten Armee eingeführten Flak und benötigte einen neuen und größeren Drei-Mann-Turm. Wanne und Laufwerk wurden jedoch praktisch unverändert übernommen. Ende 1943 verließen die ersten T-34/85 (Modell 1943) die Werkshallen und waren zunächst mit der 8,5-cm-Kanone D-5T, ab dem Frühjahr 1944 (Modell 1944) dann mit der verbesserten ZIS-S-53 ausgerüstet. Ende 1944 ging das Modell 1945 in Produktion, welches eine verbesserte Kommandantenkuppel, einen elektrischen Turmschwenkantrieb und diverse Detailänderungen aufwies. Bis Kriegsende entstanden noch rund 19 000 T-34/85, darunter auch einige Flammpanzer (OT-34/85). Der T-34 war eine gelungene Synthese der drei Haupteigenschaften eines Panzers, nämlich Beweglichkeit, Panzerschutz und Feuerkraft. Er war richtungsweisend für eine ganze Generation von Kampffahrzeugen.

Typ	mittlerer Panzerkampfwagen (Daten für T-34/85 Modell 1944)
Hersteller	Staatsbetriebe der UdSSR
Gefechtsgewicht	32 000 kg
Länge	6100 mm (ohne Rohr), 8150 mm (mit Rohr)
Breite	3000 mm
Höhe	2720 mm
Motor	W-2-34, 12-Zylinder-Dieselmotor
Hubraum	38 900 ccm
Leistung kW/PS	368/500
Leistungsgewicht	15,6 PS/t
Höchstgeschw.	50 km/h (Straße), 20 km/h (Gelände)
Kraftstoffvorrat	480 l (zusätzliche externe, abwerfbare Tanks möglich)
Fahrbereich	300 km (Straße), 200 km (Gelände)
Besatzung	5
Bewaffnung	1 x 8,5-cm-Kanone ZIS-S-53 L/53, 2 x 7,62-mm-DT-MG
Panzerung	22 – 90 mm
Furttiefe	1,3 m

T-34/85. Man beachte den neuen und größeren Gussstahlturm mit der langen 8,5-cm-Kanone L/53.

T-28

Der T-28 war der erste mittlere Panzerkampfwagen der Roten Armee und wurde von 1933 bis 1940 in Serie gebaut. Da er als Durchbruchspanzer dienen sollte, verfügte der Typ über eine große Kletter- und Grabenüberschreitfähigkeit sowie über zwei kleine MG-Türme mit je einem 7,62-mm-MG vorn auf der Wanne und einem MG im Turmheck. Sämtliche T-28 waren mit Funk ausgestattet und verfügten über eine Vorrichtung, um sich einzunebeln. Während die ersten 200 T-28 (Modell 1934) mit einer 7,62-cm-Kanone L/16,5 M27/32 ausgerüstet waren, verfügte das Modell 1938 über eine Waffe gleichen Kalibers der Länge L/26 sowie einen stärkeren M-17L Motor. Während der anfänglichen Kämpfe im Winterkrieg gegen Finnland wurde offenbar, dass die ursprüngliche Panzerung von max. 40 mm nicht ausreichte. Daher wurde eine völlig überarbeitete Version (T-28 Modell 1940) geschaffen, deren Panzerung vorn 80 mm, seitlich und hinten 40 mm betrug. Das Gewicht stieg um gut 4 t und die Mobilität litt dementsprechend. Panzer dieser Version erwarben sich 1940 beim Durchbruch durch die Mannerheim-Linie jedoch aufgrund ihrer Beschussfestigkeit einen guten Ruf. Den Angriff der Wehrmacht im Sommer 1941 überlebten nur wenige T-28, einige waren aber noch Anfang 1943 im Einsatz. Insgesamt wurden rund 500 T-28 gebaut, darunter auch einige Befehls- und Brückenpanzer, sowie eine Flammversion (OT-28).

Typ	mittlerer Panzerkampfwagen (Daten für T-28 Modell 1938)
Hersteller	Staatsbetriebe der UdSSR
Gefechtsgewicht	32 000 kg
Länge	7440 mm
Breite	2810 mm
Höhe	2820 mm
Motor	M-17L, 12-Zylinder-Ottomotor
Hubraum	46 900 ccm
Leistung kW/PS	368/500
Leistungsgewicht	15,6 PS/t
Höchstgeschw.	23 km/h (Straße)
Kraftstoffvorrat	650 l
Fahrbereich	200 km (Straße)
Besatzung	6
Bewaffnung	1 x 7,62-cm-Kanone L-10 L/26, 4 – 5 x 7,62-mm-DT-MG
Panzerung	15 – 80 mm
Furttiefe	0,8 m

T-28 Modell 1934.
(Vincent Bourguignon)

T-35

Die Entwicklung des T-35 begann 1930, und 1933 startete die Serieproduktion des Panzers. Der T-35 verfügte über nicht weniger als fünf Drehtürme. Der Hauptturm trug eine 7,62-cm-Kanone L/16 sowie zwei bis drei MG. Diagonal versetzt davor und dahinter befanden sich zwei Türme mit zunächst je einer 3,7-cm-Kanone und zwei weiteren Türmen mit je einem 7,62-mm-MG. Nach 20 Exemplaren wurde die Produktion auf das Modell 1935 umgestellt, das ein verlängertes Laufwerk, eine veränderte Wanne sowie neue Nebentürme mit 4,5-cm- anstatt der 3,7-cm-Kanonen besaß. Von dieser Version wurden 35 Exemplare gebaut, bevor 1938 die letzte Ausführung mit konischen Türmen und überarbeiten Seitenschürzen in Erscheinung trat. Von diesem Modell wurden nur sechs Panzer hergestellt, sodass insgesamt 61 T-35 ausgeliefert wurden. Auf dem Papier und bei Paraden sah der T-35 wie eine mächtige, unschlagbare Waffe aus. In der Realität erwies er sich allerdings als völliger Fehlschlag, da er zu unbeweglich, mechanisch unzuverlässig und zu schwach gepanzert war. Im Sommer 1941 erreichten die meisten T-35 die Frontlinie wegen mechanischer Probleme gar nicht oder wurden sehr rasch abgeschossen, da sie eine

Dieser KW-1 Modell 1941 wurde der britischen School of Tank Technology 1943 von der UdSSR geschenkt und befindet sich heute im Tank Museum Bovington. Laut Aussagen des Tank Museums soll dieses KW-1 ganz besonders gut verarbeit worden sein, um im Ausland Eindruck zu machen.
(Tank Museum)

T-35 Modell 1935 einer unbekannten Einheit, Byalistok, Ende Juni 1941. (Vincent Bourguignon)

riesige Zielscheibe abgaben. Ihren letzten Einsatz erlebten T-35 bei der Schlacht um Moskau im Winter 1941, dann wurden die restlichen Fahrzeuge außer Dienst gestellt.

Typ	schwerer Panzerkampfwagen (Daten für T-35 Modell 1935)
Hersteller	Staatsbetriebe der UdSSR
Gefechtsgewicht	49 900 kg
Länge	9720 mm
Breite	3200 mm
Höhe	3430 mm
Motor	M-17M, 12-Zylinder-Ottomotor
Hubraum	46 900 ccm
Leistung kW/PS	368/500
Leistungsgewicht	10 PS/t
Höchstgeschw.	30 km/h (Straße), 12,5 km/h (Gelände)
Kraftstoffvorrat	910 l
Fahrbereich	150 km (Straße)
Besatzung	11
Bewaffnung	1 x 7,62-cm-Kanone L/16 M27/32, 2 x 4,5-cm-Kanone 20-K L/46, 4 – 5 x 7,62-mm-DT-MG
Panzerung	10 – 30 mm
Furttiefe	1,2 m

KW-1

Die Entwicklung eines Nachfolgers für die Multi-Turm-Panzer T-28 und T-35 begann Anfang 1938. Der KW-1 (benannt nach dem damaligen Verteidigungsminister Kliment Woroschilow) war von konventionellerem Design als seine Vorgänger, jedoch ungleich stärker gepanzert. Eine Front- und Seitenpanzerung von bis zu 90 mm Stärke suchte bei Beginn der Serienproduktion im Februar 1940 ihres gleichen. Bereits kurze Zeit später erlebte der Typ seine Feuertaufe im Winterkrieg gegen Finnland. Zwar wurde beim Durchbruch durch die Mannerheim-Linie kein KW-1 abgeschossen, es zeigten sich allerdings schwerwiegende mechanische Mängel, weswegen die Konstruktion eigentlich noch einmal überarbeitet werden sollte. Die politische Lage in Europa ließ dies jedoch nicht zu, sodass die

Dieser KW-1S ist mit einer 8,5-cm-Kanone in einem Standardturm versehen und war ein Versuchsmodell auf dem Weg zum KW-85.

Typ	schwerer Panzerkampfwagen (Daten für KW-1 Modell 1941)
Hersteller	Staatsbetriebe der UdSSR
Gefechtsgewicht	47 500 kg
Länge	6250 mm
Breite	3300 mm
Höhe	2710 mm
Motor	W-2K, 12-Zylinder-Dieselmotor
Hubraum	38 900 ccm
Leistung kW/PS	441/600
Leistungsgewicht	12,6 PS/t
Höchstgeschw.	30 km/h (Straße), 19 km/h (Gelände)
Kraftstoffvorrat	615 l
Fahrbereich	250 km (Straße)
Besatzung	5
Bewaffnung	1 x 7,62-cm-Kanone L/41 F-34, 3 x 7,62-mm-DT-MG
Panzerung	30 – 110 mm
Furttiefe	1,5 m

Fahrzeuge trotz Mängeln weiter in Großserie gebaut wurden. Bis zum Überfall auf die Sowjetunion im Juni 1941 waren bereits 636 KW-1 im Einsatz und stellten für die Wehrmacht eine böse Überraschung dar, selbst die 8,8-cm-Flak hatte mitunter Schwierigkeiten mit diesem Panzer. Bis zum Erscheinen des Tigers 1942 war der KW-1 der bestgeschützte und wohl auch schlagkräftigste Panzer der Welt. Allerdings fielen nicht wenige KW-1 ihrem Gewicht, bzw. daraus resultierenden Getriebe- und Motorproblemen zum Opfer. Im Laufe der Produktion war der KW-1 einigen Veränderungen und Verbesserungen unterworfen. Die Bewaffnung des ersten Serienmodells (Modell 1939) bestand aus einer 7,62-cm-Kanone L-11 L/30, die ab dem Modell 1940 durch eine längere Waffe gleichen Kalibers (F-32) ersetzt wurde. Hinzu kamen Verbesserungen an der Blende. Die Version KW-1E des Modells 1940 verfügte über eine aufgeschraubte Zusatzpanzerung an Turm und Wanne. Das Modell 1941 war mit einer bis zu 130 mm starken Turm- und bis zu 90 mm starken Wannenpanzerung versehen und erhielt die aus dem T-34 bekannte F-34 oder eine ZIS-5 Kanone. Ein verbesserter Motor sowie ein gegossener Turm zeichneten das Modell 1942 aus. Ab Ende 1942 wurde schließlich der KW-1S gebaut, der durch eine schwächere Panzerung und einen kleineren Turm leichter und damit mobiler war. Auf Basis dieses Modells entstand auch der KW-85, der einen neuen Turm mit einer 8,5-cm-D5T Kanone erhielt und von dem nur 130 Stück gebaut wurden, bevor die Produktion Anfang 1944 auf den JS-1 umgestellt wurde. Insgesamt verließen über 3000 KW-1 aller Varianten die Werkshallen, darunter auch 67 KW-8 mit einem Flammrohr und einer 4,5-cm-Kanone anstelle der 7,62-cm-Waffe.

KW-1, der 235. mot. Brigade, Raum Stalingrad, September 1942.
(WKA)

KW-2

Der KW-2 wurde entworfen, um Bunker und Feldbefestigungen zu bekämpfen und verfügte zu diesem Zweck über eine 15,2-cm-Haubitze M10 in einem riesigen, unförmigen Turm, der das Fahrzeuggewicht gegenüber dem KW-1 Modell 1940 um gut 8 t erhöhte. Die Serienproduktion des Fahrzeugs begann 1940 auf Basis des KW-1 Modell 1939, es gab jedoch ab 1941 auch eine Version auf der Wanne des KW-1 Modell 1940 (KW-2B), die fast 57 t auf die Waage brachte. Die Haubitze verfeuerte ein rund 50 kg schweres Geschoss, dass auf 1600 Meter noch 75 mm Panzerung durchschlug. Das zusätzliche Gewicht überlastete den ohnehin stark beanspruchte Antrieb des Panzers jedoch über Gebühr, weshalb zahlreiche KW-2 aufgrund von mechanischen Mängeln ausfielen. Zudem ließ sich der rund 12 t schwere Turm nur auf ebenem Gelände drehen, bei der geringsten Schrägneigung des Fahrzeugs war dies nicht mehr möglich. Obwohl einzelne KW-2 nach dem Überfall der Wehrmacht Erstaunliches vollbrachten, standen sie ob ihre geringen Mobilität doch auf verlorenem Posten.

Typ	schwerer Panzerkampfwagen (Daten für KW-2 Modell 1940)
Hersteller	Staatsbetriebe der UdSSR
Gefechtsgewicht	57 000 kg
Länge	6250 mm (ohne Rohr)
Breite	3300 mm
Höhe	3500 mm
Motor	W-2K, 12-Zylinder-Dieselmotor
Hubraum	38 900 ccm
Leistung kW/PS	441/600
Leistungsgewicht	10,5 PS/t
Höchstgeschw.	25 km/h (Straße), 15 km/h (Gelände)
Kraftstoffvorrat	615 l
Fahrbereich	250 km (Straße)
Besatzung	6
Bewaffnung	1 x 15,2-cm-Haubitze M10 L/20, 3 x 7,62-mm-DT-MG
Panzerung	30 – 110 mm
Furttiefe	1,5 m

Als Ende 1941 das Herstellungswerk nahe Leningrad überrannt wurde, endete die Produktion nach 336 KW-2.

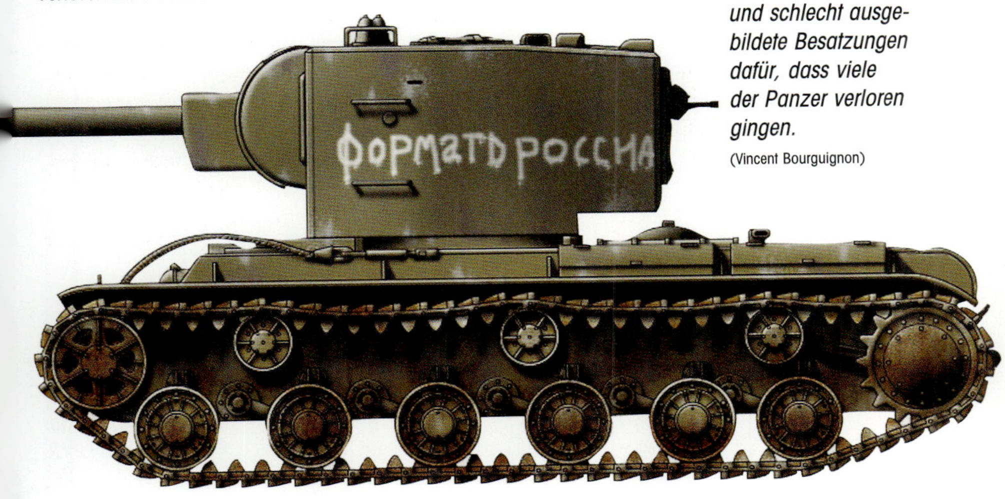

Obwohl der KW-2 im Sommer 1941 gegenüber den meisten deutschen Geschützen immun war, sorgten mechanische Probleme und schlecht ausgebildete Besatzungen dafür, dass viele der Panzer verloren gingen.

(Vincent Bourguignon)

JS-1

Aufgrund der Nachteile der KW-Reihe, z.B. einer unzureichenden Mobilität, einem Mangel an abgeschrägten Panzerflächen und einer Bewaffnung, die nicht schwerer war als die des rund 20 t leichteren T-34, entwickelten sowjetische Konstrukteure schließlich eine stark verbesserte Version, die JS-Serie (JS – Josef Stalin). Über den Prototypen KW-13 entstand im Herbst 1943 der JS-1. Dieser wies neben einem verbesserten Getriebe und Laufwerk eine neue, vollständig gegossene Wanne auf, die seitlich über das Laufwerk hinausragte. Der JS-1 war mit dem Turm und der 8,5-cm-Kanone des KW-85 ausgestattet. Durch eine geschickte Formgebung gewährte der JS-1 einen besseren Schutz als die KW-Reihe, wog jedoch rund 3 t weniger. Fast zeitgleich mit dem JS-1 wurde der T-34/85 entwickelt. Da es jedoch unsinnig erschien, den JS-1 mit der gleichen Waffe wie einen mittleren Panzer auszustatten, wurden Prototypen mit einer 10-cm-Kanone ausgerüstet. Als man schließlich sogar eine Möglichkeit fand, eine 12,2-cm-Waffe unterzubringen, entschied man sich für diese neue Variante, und die Produktion des JS-1 endete Anfang 1944 nach nur 107 Exemplaren. Eine ganze Anzahl dieser Fahrzeuge wurde später durch die Umrüstung mit 12,2-cm-Kanonen auf den Stand des JS-2 gebracht.

Typ	schwerer Panzerkampfwagen
Hersteller	Staatsbetriebe der UdSSR
Gefechtsgewicht	44160 kg
Länge	6670 mm (ohne Rohr)
Breite	3070 mm
Höhe	2730 mm
Motor	W-2IS, 12-Zylinder-Dieselmotor
Hubraum	38 900 ccm
Leistung kW/PS	441/600
Leistungsgewicht	13,6 PS/t
Höchstgeschw.	37 km/h (Straße), 19 km/h (Gelände)
Kraftstoffvorrat	520 l + 270 l in externen, abwerfbaren Zusatztanks
Fahrbereich	250 km (Straße), 150 km (Gelände)
Besatzung	4
Bewaffnung	1 x 8,5-cm-Kanone D-5T L/51,5, 2 x 7,62-mm-DT-MG
Panzerung	20 – 120 mm
Furttiefe	1,3 m

JS-1 mit 8,5-cm-Kanone.

JS-2 einer unbekannten Einheit, Berlin, Mai 1945. (Vincent Bourguignon)

JS-2

Nachdem Versuche mit umgerüsteten JS-1 ergeben hatten, das sowohl die Ausstattung mit der 10-cm-Kanone D-10T als auch die mit der 12,2-cm-Waffe A-19 möglich waren, entschied man sich ob der besseren Verfügbarkeit für letztere Alternative, obwohl die D-10T eine bessere Durchschlagsleistung aufwies. Die ersten JS-2 Modell 1943 wurden im Januar 1944 ausgeliefert und basierten auf der unveränderten Wanne des JS-1 mit einer typischen Stufe am Bug. Diese stellte sich bald als Schwachstelle des Fahrzeugs heraus, weshalb der ab Juni 1944 produzierte JS-2 Modell 1944 eine durchgehende Bugplatte von 120 mm Stärke erhielt. Zuvor war das Geschütz des Modells A-19 bereits durch eine 12,2-cm-Kanone des Typs D-25 ersetzt worden. Sehr späte Exemplare des JS-2 wurden zudem mit einem 12,7-mm-DShk-Fla-MG ausgerüstet. Gegenüber der KW-Reihe stellte der JS-2 eine deutliche Verbesserung in Bezug auf Schutz, Feuerkraft und Zuverlässigkeit dar. Hauptnachteil des Typs war seine relativ geringe Mobilität sowie die geringe Schussfolge von nur zwei Schuss pro Minute aufgrund der zweiteiligen Munition. Bis Kriegsende wurden annähernd 3500 JS-2 gebaut. Der nächste Schritt in der Entwicklung der JS-Serie war der JS-3, der jedoch im Zweiten Weltkrieg nicht mehr zum Einsatz kam.

Typ	schwerer Panzerkampfwagen (Daten für JS-2 Modell 1944)
Hersteller	Staatsbetriebe der UdSSR
Gefechtsgewicht	46 250kg
Länge	6670 mm (ohne Rohr)
Breite	3070 mm
Höhe	2730 mm
Motor	W-2IS, 12-Zylinder-Dieselmotor
Hubraum	38 900 ccm
Leistung kW/PS	441/600
Leistungsgewicht	11,3 PS/t
Höchstgeschw.	37 km/h (Straße), 19 km/h (Gelände)
Kraftstoffvorrat	520 l + 270 l in externen, abwerfbaren Zusatztanks
Fahrbereich	250 km (Straße), 150 km (Gelände)
Besatzung	4
Bewaffnung	1 x 12,2-cm-Kanone D-25 L/43, 2 x 7,62-mm-DT-MG, teils 1 x 12,7-mm-DShk-Fla-MG
Panzerung	20 – 120 mm
Furttiefe	1,3 m

SU-76M

Typ	leichte Selbstfahrlafette
Hersteller	Staatsbetriebe der UdSSR
Gefechtsgewicht	11 200 kg
Länge	4990 mm
Breite	2740 mm
Höhe	2200 mm
Motor	2 x GAZ-202, 6-Zylinder-Ottomotor
Hubraum	2 x 3480 ccm
Leistung kW/PS	zusammen 103/140
Leistungsgewicht	12,5 PS/t
Höchstgeschw.	44 km/h (Straße), 20 km/h (Gelände)
Kraftstoffvorrat	440 l
Fahrbereich	265 km (Straße), 140 km (Gelände)
Besatzung	4
Bewaffnung	1 x 7,62-cm-Kanone ZIS-3 L/42,6
Panzerung	10 – 35 mm
Furttiefe	0,9 m

Die Entwicklung dieser leichten Selbstfahrlafette begann im Frühjahr 1942. Die Wanne des T-70 wurde verbereitert, das Laufwerk verlängert, und der Motorraum wanderte in die Mitte des Fahrzeugs. Hinten wurde ein fester, rundum geschlossener Aufbau für eine 7,62-cm-Feldkanone ZIS-3 geschaffen. Trotz der schlechten Erfahrung, die man mit dem Antrieb des ursprünglichen T-70 gemacht hatte, basierte auch dieses Fahrzeug wieder darauf. Als die ersten SU-76 (zunächst noch SU-12 genannt) Ende 1942 ausgeliefert wurden, kam es erneut zu massiven Problemen mit dem Antrieb. Der geschlossene Kampfraum füllte sich zudem rasch mit Pulverdampf und Abgasen, sodass die Besatzungen zu ersticken drohten. Die Produktion wurde daher im März 1943 nach nur 300 Exemplaren eingestellt, aber bereits im Mai 1943 auf Basis des T-70M wieder aufgenommen. Der Kampfraum war nun nach oben hin vollständig offen, konnte aber bei Bedarf mit einer Plane abgedeckt werden. Diese SU-76M genannte Version erwies sich als wesentlich erfolgreicher und wurde in rund 12 700 Exemplaren produziert. SU-76M wurden als Panzerjäger, mobile Artillerie oder zur Infanterieunterstützung eingesetzt. Auf Basis des SU-76M existierte auch ein Flakpanzer mit einer 3,7-cm-Flak (SU-37), der jedoch nur in geringen Zahlen gefertigt wurde.

Eine im Kreml von Nischni Nowgorod (Russland) ausgestellte SU-76M Selbstfahrlafette. (PD)

SU-122

Die Entwicklung dieses Sturmgeschützes begann im Frühjahr 1942, ein Prototyp war Ende November 1942 fertiggestellt. Anfang 1943 begann die Auslieferung des zunächst noch SU-35 genannten Fahrzeugs, das auf dem T-34 basierte. Erst im Laufe der Produktion wurde die Bezeichnung in SU-122 geändert. Vorn befand sich ein fester, kastenförmiger Aufbau mit allseits abgeschrägten Seiten.
Die Bewaffnung bestand aus einer 12,2-cm-Haubitze M-30 mit beschränktem Schwenkbereich (je 10° links und rechts), ein MG war nicht vorgesehen.
Die großkalibrige Haubitze eignete sich zwar sehr gut zur Infanterieunterstützung und zum Beschuss von Befestigungen, war für die Bekämpfung von gegnerischen Panzern jedoch nicht ideal. Auch ein speziell entwickeltes Hohlladungsgeschoss brachte gegen die neuen deutschen Panzer wie Tiger und Panther nicht die gewünschten Ergebnisse.
Ab Herbst 1943 übernahm der SU-152 zunehmend die Rolle des SU-122, während die Panzerbekämpfung dem SU-85 zufiel. So endete im März 1944 die Serienfertigung des SU-122 nach 1148 Fahrzeugen.

Typ	Sturmgeschütz
Hersteller	Staatsbetriebe der UdSSR
Gefechtsgewicht	30 900 kg
Länge	6950 mm (mit Rohr)
Breite	3000 mm
Höhe	2300 mm
Motor	W-2-34, 12-Zylinder-Dieselmotor
Hubraum	38 900 ccm
Leistung kW/PS	368/500
Leistungsgewicht	16,2 PS/t
Höchstgeschw.	55 km/h (Straße), 25 km/h (Gelände)
Kraftstoffvorrat	480 l (zusätzliche externe, abwerfbare Tanks möglich)
Fahrbereich	300 km (Straße), 200 km (Gelände)
Besatzung	5
Bewaffnung	1 x 12,2-cm-Haubitze M-30 L/23
Panzerung	14 – 70 mm
Furttiefe	1,3 m

Späte Exemplare des SU-122 besaßen eine dem SU-85 ähnliche Blende.

Seitenansicht eines SU-122. (Vincent Bourguignon)

SU-85

Nachdem die Rote Armee im Anfang 1943 Beschussversuche mit einem eroberten Tiger durchgeführt hatte, wurde deutlich, dass die 7,62-cm-Kanonen des T-34 und KW-1 dessen Panzerung nicht durchschlagen konnten. Um möglichst rasch ein Fahrzeug produzieren zu können, dass dieser neuen Bedrohung gewachsen war, entschied das sowjetische Verteidigungskomitee, die Wanne der SU-122 mit der 8,5-cm-Flak 52-K auszurüsten, doch diese erwies sich als unmöglich. Erst als die verbesserte 8,5-cm-Kanone D-5S zur Verfügung stand, konnte im August 1943 die Serienproduktion des SU-85 beginnen. Bis Jahresende erhielt die Rote Armee 900 SU-85, die sich als recht erfolgreich erwiesen, auch wenn die Bekämpfung von schweren deutschen Panzern auf weite Entfernungen noch immer ein Problem darstellte. Als der mit gleichen Waffe ausgerüstete T-34/85 eingeführt wurde, erschien es sinnlos einen Panzerjäger zu fertigen, der nicht besser bewaffnet war als ein mittlerer Panzer, sodass die Produktion im September 1944 nach rund 2050 Exemplaren eingestellt wurde. Die letzten 315 SU-85 (Modell M) verwendeten bereits die Wannen des SU-100 mit seitlicher Kuppel und stärkerer Panzerung.

Typ	Jagdpanzer
Hersteller	Staatsbetriebe der UdSSR
Gefechtsgewicht	29 600 kg
Länge	8150 mm (mit Rohr)
Breite	3000 mm
Höhe	2450 mm
Motor	W-2-34, 12-Zylinder-Dieselmotor
Hubraum	38 900 ccm
Leistung kW/PS	368/500
Leistungsgewicht	16,9 PS/t
Höchstgeschw.	55 km/h (Straße), 25 km/h (Gelände)
Kraftstoffvorrat	480 l (zusätzliche externe, abwerfbare Tanks möglich)
Fahrbereich	300 km (Straße), 200 km (Gelände)
Besatzung	4
Bewaffnung	1 x 8,5-cm-Kanone D-5S L/53
Panzerung	14 – 45 mm, Blende bis zu 75 mm
Furttiefe	1,3 m

SU-85 einer unbekannten Einheit der Roten Armee in Bukarest, Rumänien, August 1944.

SU-100

Seitenansicht eines SU-100. (Martin Spurny)

Der SU-100 war eine Weiterentwicklung des SU-85. Die Konstruktion dieses hervorragenden Jagdpanzers begann im Februar 1944, ein erster Prototyp wurde bereits einen Monat später fertiggestellt und im September 1944 begann die Serienproduktion. Anfang 1945 wurden schließlich die ersten SU-100 an die Fronteinheiten ausgeliefert und begannen den SU-85 aus den meisten Einheiten der Roten Armee zu verdrängen. SU-85 wurde danach an sowjetische Verbündete weitergegeben. Der Hauptunterschied zur Wanne des SU-85 war die auf 75 mm verstärkte Frontpanzerung sowie eine über die rechte Aufbauseite hinausragende Kommandantenkuppel, ähnlich der des T-34/85 und eine neue Kanonenblende. Die Bewaffnung bestand aus einer 10-cm-Kanone D-10S L/56, die aus dem Marinegeschütz B-34 entwickelt worden war. Der SU-100 war neben dem Jagdpanther sicher der beste Panzerjäger des Zweiten Weltkrieges. Bis Mai 1945 wurden insgesamt 1675 Stück gebaut.

Typ	Jagdpanzer
Hersteller	Staatsbetriebe der UdSSR
Gefechtsgewicht	31 600 kg
Länge	9540 mm (mit Rohr)
Breite	3000 mm
Höhe	2250 mm
Motor	W-2-34, 12-Zylinder-Dieselmotor
Hubraum	38 900 ccm
Leistung kW/PS	368/500
Leistungsgewicht	15,8 PS/t
Höchstgeschw.	50 km/h (Straße), 20 km/h (Gelände)
Kraftstoffvorrat	480 l (zusätzliche externe, abwerfbare Tanks möglich)
Fahrbereich	300 km (Straße), 200 km (Gelände)
Besatzung	4
Bewaffnung	1 x 10-cm-Kanone D-10S L/53,5
Panzerung	14 – 75 mm, Blende bis zu 110 mm
Furttiefe	1,3 m

SU-152

Ende 1942 forderte das sowjetische Oberkommando ein stark gepanzertes und bewaffnetes Sturmgeschütz zum Beschuss von Feldbefestigungen und schweren Feindpanzern. Der im Januar 1943 vorgestellte Prototyp KW-14 basierte auf dem Fahrgestell des KW-1S, besaß anstatt eines Turmes jedoch einen großen, eckigen Panzeraufbau, in dessen Front eine 15,2-cm-Kanonenhaubitze ML-20 saß. Diese verfeuerte ein 48,8 kg schweres Panzergeschoss, dessen schiere Wucht reichen sollte, jeden Panzer zu vernichten. Im Februar 1943 genehmigte das staatliche Verteidigungskomitee die Serienproduktion des neuen Sturmgeschützes und vergab die Bezeichnung SU-152. Seinen ersten Einsatz erlebte der Typ im Juli 1943 während der Panzerschlacht von Kursk. Größter Nachteil des SU-152 war die geringe Feuergeschwindigkeit von nur zwei bis drei Schuss pro Minute, da zweiteilige Munition verfeuert wurde, sowie ein enger Innenraum und der geringe Munitionsvorrat von 20 Geschossen.

Typ	schweres Sturmgeschütz
Hersteller	Staatsbetriebe der UdSSR
Gefechtsgewicht	45 500 kg
Länge	8950 mm (mit Rohr)
Breite	3300 mm
Höhe	2450 mm
Motor	W-2K, 12-Zylinder-Dieselmotor
Hubraum	38 900 ccm
Leistung kW/PS	441/600
Leistungsgewicht	13,2 PS/t
Höchstgeschw.	35 km/h (Straße), 19 km/h (Gelände)
Kraftstoffvorrat	615 l (zusätzliche externe, abwerfbare Tanks möglich)
Fahrbereich	250 km (Straße)
Besatzung	5
Bewaffnung	1 x 15,2-cm-Kanonenhaubitze ML-20S L/32, teils 1 x 12,7-mm-DShk-Fla-MG
Panzerung	20 – 75 mm
Furttiefe	1,5 m

Einige SU-152 wurden 1944 mit einem 12,7-mm-Fla-MG nachgerüstet. Nach 704 Exemplaren löste der JSU-152 den SU-152 Im Dezember 1943 in der Fertigung ab.

Soldaten der Wehrmacht begutachten im August oder September 1943 ein erbeutetes SU-152 Sturmgeschütz. (BA cc-by-sa 3.0)

JSU-152 und JSU-122

Typ	schweres Sturmgeschütz (Daten für JSU-152)
Hersteller	Staatsbetriebe der UdSSR
Gefechtsgewicht	41 800 kg
Länge	9050 mm (mit Rohr)
Breite	3360 mm
Höhe	2680 mm
Motor	W-2IS, 12-Zylinder-Dieselmotor
Hubraum	38 900 ccm
Leistung kW/PS	441/600
Leistungsgewicht	14,4 PS/t
Höchstgeschw.	37 km/h (Straße), 19 km/h (Gelände)
Kraftstoffvorrat	520 l + 270 l in externen, abwerfbaren Zusatztanks
Fahrbereich	250 km (Straße), 150 km (Gelände)
Besatzung	4 – 5
Bewaffnung	1 x 15,2-cm-Kanonenhaubitze ML-20S L/32, teils 1 x 12,7-mm-DShk-Fla-MG
Panzerung	20 – 110 mm
Furttiefe	1,3 m

Aufgrund des Erfolges der SU-152 beschloss man in der UdSSR ein ähnliches Fahrzeug nach Basis des JS-2 zu konstruieren. Ein erster Prototyp wurde im Oktober 1943 fertiggestellt, im November folgten die ersten Serienexemplare und im Dezember war die Fertigung vollständig auf den neuen Typ umgestellt. Das neue, JSU-152 genannte Sturmgeschütz ähnelte seinem Vorgänger sehr, besaß jedoch einen höheren und kantigeren Aufbau, um den Kampfraum zu vergrößern. Die Bewaffnung bestand aus einer 15,2-cm-Kanonenhaubitze ML-20S, daher änderte sich nichts an der geringen Feuergeschwindigkeit. Da die Produktion der ML-20S den Bedarf nicht decken konnte, wurde im Frühjahr 1944 unter Verwendung der 12,2-cm-Kanone A-19 und später dann der D-25 eine weitere, JSU-122 genannte Version geschaffen. Außer in der Bewaffnung unterschieden sich JSU-152 und JSU-122 kaum. Im Laufe der Produktion wurde die Frontpanzerung beider Modelle erhöht und ab Herbst ein 12,7-mm-DShk-Fla-MG eingeführt. Beiden Typen waren sehr erfolgreiche Fahrzeuge, die gleichermaßen als Feuerunterstützung und zur Panzerjagd eingesetzt wurden. Bis Kriegsende wurden insgesamt 4075 JSU-122 und JSU-152 gebaut.

JSU-152 in einem Museum in Kiew, Ukraine.
(Don S.Montgomery/US DOD)

M3A1 Scout Car

Typ	leichter Panzerspähwagen
Hersteller	White Motor Company
Gefechtsgewicht	5624 kg
Länge	5620 mm
Breite	2030 mm
Höhe	2110 mm
Motor	Hercules JXD 6-Zylinder-Ottomotor
Hubraum	5244 ccm
Leistung kW/PS	81/110
Leistungsgewicht	19,6 PS/t
Höchstgeschw.	89 km/h (Straße)
Kraftstoffvorrat	136 l
Fahrbereich	400 km (Straße)
Besatzung	2 + 6
Bewaffnung	1 x 12, 7-mm-M2HB-MG, 1 – 2 x 7,62-mm-M1919A4-MG
Panzerung	6,35 – 12,7 mm
Furttiefe	0,7 m

Der M3 wurde 1938 von der White Motor Company entwickelt und 1939 mit einigen Veränderungen als M3A1 von der US-Armee als Späh- und Befehlsfahrzeug übernommen. Der M3A1 basierte auf einem handelsüblichen Lkw-Fahrgestell und war oben offen, rund um den Kampfraum verlief eine Schiene, auf der ein Browning M2HB MG sowie ein bis 7,62-mm-MG aufgesetzt waren. Vorn hatte das Fahrzeug eine Bugwalze, die verhindern sollte, dass es sich in schwerem Gelände festfuhr. Die großen Panzerglasscheiben vor dem Fahrer konnten durch eine 12,7mm starke Panzerplatte abgedeckt werden. Von der US-Armee und den britischen Streitkräften wurde der M3A1 nur selten als Spähfahrzeug eingesetzt, häufiger diente er als Mannschaftswagen, fuhr Patrouillen im Hinterland, zog leichte Geschütze oder war Befehlsfahrzeug, z. B. für General Patton. Zusätzlich gab es auch eine Variante des M3A1 als Ambulanzfahrzeug. Von den bis 1944 gebauten 20918 Exemplaren gingen viele an die UdSSR, die freien französischen Verbände sowie andere Verbündete der USA.

Ein früher M3A1 Spähwagen, aufgenommen 1939 in Fort Knox, Kentucky. (US Army)

M8 *Greyhound* Armored Car

Die Entwicklung dieses 6x6 Fahrzeugs begann Mitte 1941 als Panzerjäger. Als es jedoch im April 1942 produktionsbereit war, konnte seine 3,7-cm-Kanone nicht mehr als wirkungsvoll gegenüber Panzern gelten, daher wurde es von der US-Armee als Panzerspähwagen übernommen. Auf dem manuell bewegten, oben offenen Turm war oftmals ein 12,7-mm-Fla-MG montiert. Die ersten M8 besaßen keinerlei, spätere Modelle eine nur 3 mm starke Bodenpanzerung. Die war zugleich auch die größte Schwäche des M8, der ansonsten durch Verlässlichkeit, gute Geländegängigkeit und Robustheit überzeugte. Seine Feuertaufe erlebt der Typ 1943 in Italien und war von da an überall dort zu finden, wo US-Truppen auftauchten. Die Briten nannten ihre M8 Greyhound. 1943 entstand auf Basis des M8 ein als M20 bezeichneter Mannschaftstransporter und Befehlswagen. Dazu wurde der Turm des M8 entfernt und Bänke im offenen Kampfraum montiert. Die Bewaffnung bestand aus einem 12,7-mm-MG auf einer Ringlafette über dem Kampfraum. Bis 1945 wurden bei Ford 11 667 M8 und 3791 M20 hergestellt.

Typ	Panzerspähwagen
Hersteller	Ford Motor Company
Gefechtsgewicht	7711 kg
Länge	5010 mm
Breite	2540 mm
Höhe	2230 mm
Motor	Hercules JXD 6-Zylinder-Ottomotor
Hubraum	5244 ccm
Leistung kW/PS	81/110
Leistungsgewicht	14,5 PS/t
Höchstgeschw.	89 km/h (Straße)
Kraftstoffvorrat	207 l
Fahrbereich	560 km (Straße)
Besatzung	4
Bewaffnung	1 x 3,7-cm-Kanone M6 L/56, 1 x 7,62-mm-M1919A4-MG koaxial, teils 1 x 12, 7-mm-M2HB-Fla-MG
Panzerung	3 – 19 mm
Furttiefe	0,6 m

M20 des Stabes der 6th Cavalry Group, Deutschland, 17. Februar 1945. (NARA)

M8 im Nationalen Kriegs- und Widerstandsmuseum Overloon, Niederlande. Obwohl die Ringlafette für das Fla-MG montiert ist, fehlt die Waffe diesem M8.

T17E1
Staghound Armored Car

Typ	Panzerspähwagen (Daten für MK I)
Hersteller	Chevrolet Division GMC
Gefechtsgewicht	13 166 kg
Länge	5385 mm
Breite	2692 mm
Höhe	2362 mm
Motor	2 x GMC 270 6-Zylinder-Ottomotor
Hubraum	je 4425 ccm
Leistung kW/PS	zusammen 143/194
Leistungsgewicht	14,7 PS/t
Höchstgeschw.	89 km/h (Straße)
Kraftstoffvorrat	190 l
Fahrbereich	320 km (Straße)
Besatzung	4
Bewaffnung	1 x 3,7-cm-Kanone M6 L/56, 2 x 7,62-mm-M1919A4-MG, teils 1 x 7,62-mm-M1919A4-Fla-MG
Panzerung	12 – 32 mm
Furttiefe	0,8 m

Der T17E1 war ein ursprünglich 1941 für die US-Armee entwickeltes Fahrzeug, für das Chevrolet zunächst jedoch keinen Auftrag zur Serienproduktion erhielt. Großbritannien bestellte allerdings ab Januar 1942 2836 Exemplare dieses Typs, von denen die ersten ab Oktober 1942 geliefert wurden. Der dort Staghound genannte Panzerwagen verfügte über zwei Motoren, die über je ein separates Getriebe auf Vorder-, bzw. Hinterachse wirkten. Da während der Fahrt ein Motor abgeschaltet werden konnte, war es möglich, zwischen 2x4 und 4x4 Antrieb zu wählen. Die Bewaffnung der Version Mk I bestand aus einer 3,7-cm-Kanone, einem koaxialen 7,62-mm-MG und einem 7,62-mm-MG in der Wanne. Eine unbekannte Zahl dieser Version wurde zum Typ Mk II mit einer 7,62-cm-Haubize umgerüstet, während das Modell MK III (100 Stück gebaut) über einen modifizierten Crusader-Turm mit einer 7,5-cm-Waffe verfügte, das Bug-MG entfiel. Desweiteren gab es eine Befehlsversion ohne Turm mit zusätzlicher Funkausrüstung. Der T17E2 war eine Fla-Variante mit einem 12,7-mm-Zwillings-MG in einem speziellen Turm und wurde in 1000 Exemplaren hergestellt. Der Staghound bewährte sich nicht nur bei den britischen, sondern auch bei Streitkräften vieler Commonwealth-Staaten.

Von den insgesamt 2844 hergestellten T17E1 blieben nur 8 für Versuchszwecke in den USA. So auch dieses Exemplar, das 1943 in Camp Young (Kalifornien) aufgenommen wurde. Man beachte die seitlichen, ungeschützten Zusatztanks. (NARA)

M2, M3, M5, M9 Halftrack

Bis Anfang 1940 waren in den USA vor allem durch die White Motor Company eine Reihe verschiedener Halbkettenfahrzeuge konstruiert und erprobt worden, aus denen sich zwei Haupttypen herauskristallisierten. Beide basierten auf einem kommerziellen Lkw-Chassis und besaßen einen oben offenen Panzeraufbau, der an den M3A1 Spähwagen erinnerte. Der Typ M2 sollte als Aufklärungs- oder Zugfahrzeug für Geschütze dienen und besaß keine Hecktüren. Das Modell M3 verfügte über einen etwas verlängerten Aufbau mit Hecktüren und war vor allem als Mannschaftstransporter gedacht. Die Version M4 war eine Abart des M2 und sollte einen 81-mm-Granatwerfer samt Bedienungsmannschaft und Munition transportieren. Alle Fahrzeuge verfügten über ein bis zwei MG Kaliber 7,62-mm bzw. 12,7-mm. Im Gegensatz zu deutschen Halbkettenfahrzeugen war nicht nur das Kettenlaufwerk, sondern auch die Vorderachse angetrieben. Neben White waren auch Autocar und

Oben: Ein schwerbeladenes M3A1 Halbkettenfahrzeug der amerikanischen 7th Army mit einer 10,5-cm-Haubitze im Schlepp. Zweibrücken, März 1945. (US Army)

M2 Halftrack bei Manövern in den USA, Herbst 1941. (US Army)

Oben: M2 Halftrack des 14th Field Artillery Regiment während eines Manövers nahe Leesville, Louisiana, September 1941. (US Army)

Eine M15 Fla-Selbstfahrlafette des 434th AAA Battalion nähe Capua (Italien), 20. November 1943. Die Bewaffnung dieser Version bestand aus einer M1A2 3,7-cm-Flak und zwei koaxialen 12,7-mm-M2-MG in einem oben offenen Drehturm. (US Army)

Diamond T an der Produktion beteiligt. Die ersten M2 wurden im Mai 1941 an die US-Armee ausgeliefert, die ersten M3 folgten einen Monat später. Ab April 1942 kam noch International Harvester dazu und baute unter der Bezeichnung M5 (statt M3) und M9 (statt M2) äußerlich sehr ähnliche Fahrzeuge, die jedoch über andere Motoren sowie weitere Modifikationen verfügten und meist an alliierte Armeen geliefert wurden. Im Laufe der Produktion wurden alle vier Grundmodelle (M2/3/5/9) immer weiter verbessert und verändert, insbesondere in den Bereichen Getriebe, Motor, Bewaffnung und Stauraum. Die Vielzahl der unterschiedlichen Varianten und Ausführungen ist überwältigend groß und entzieht sich einer knappen Darstellung. Auf Basis dieser Fahrzeuge entstanden eine ganze Anzahl von Artillerie- und Flak-Selbstfahrlafetten. Dazu wurden Geschütze der Kaliber 5,7-cm bis 10,5-cm hinter Schutzschilden im offenen Kampfraum montiert oder aber spezielle Flak-Türme mit 12,7-mm-Zwillings- oder Vierlings-MG ausgesetzt. Es existierten aber auch Varianten mit einer 3,7-cm-Flak und zwei 12,7-mm-MG sowie mit einer 4-cm-Bofors-Flak. Nicht nur die USA, sondern auch andere alliierte Armeen verwendeten diese Fahrzeuge, darunter auch die UdSSR, die ihre eigenen Varianten schuf. Bis 1945 wurden insgesamt 53 625 Halbkettenfahrzeuge aller Versionen gebaut, davon 11 017 der Modelle M5 und M9.

Typ	Panzerspähwagen (Daten für M3A1)
Hersteller	White Motor Company, Diamond T, Autocar
Gefechtsgewicht	9300 kg
Länge	6340 mm
Breite	2220 mm
Höhe	2260 mm
Motor	1 x White 160AX 6-Zylinder-Ottomotor
Hubraum	6326 ccm
Leistung kW/PS	108/147
Leistungsgewicht	15,8 PS/t
Höchstgeschw.	65 km/h (Straße)
Kraftstoffvorrat	222 l
Fahrbereich	350 km (Straße)
Besatzung	3 + 10
Bewaffnung	1 x 12,7-mm-M2HB-MG und 1 - 2 x 7,62-mm-M1919A4-MG
Panzerung	6 – 16 mm
Furttiefe	0,8 m

Eine T30 75 mm HMC Selbstfahrlafette einer Ausbildungseinheit, England, 13. März 1943. Die Bewaffnung dieser Variante bestand aus einer 7,5-cm-Haubitze M1A1. (US Army)

Light Tank M2

Typ	leichter Panzerkampfwagen (Daten für M2A4)
Hersteller	American Car & Foundry
Gefechtsgewicht	11 620 kg
Länge	4430 mm
Breite	2470 mm
Höhe	2650 mm
Motor	Continental W-670 7-Zylinder-Sternmotor (Benzin)
Hubraum	10 900 ccm
Leistung kW/PS	184/250
Leistungsgewicht	21,5 PS/t
Höchstgeschw.	58 km/h (Straße), 32 km/h (Gelände)
Kraftstoffvorrat	200 l
Fahrbereich	200 km (Straße)
Besatzung	4
Bewaffnung	1 x 3,7-cm-Kanone M5 L/56, 5 x 7,62-mm-M1919A4-MG
Panzerung	6 – 25 mm
Furttiefe	0,8 m

Der M2 wurde 1935 vom Rock Island Arsenal entwickelt und sollte der Infanterieunterstützung dienen, weshalb eine MG-Bewaffnung als ausreichend angesehen wurde. Das erste Produktionsmodell (M2A1) war mit einem 12,7-mm und einem 7,62-mm-MG in einem Drehturm und einem weiteren 7,62-mm-MG in der Wanne ausgerüstet. Schon bald wurde der M2A1 durch den M2A2 ersetzt, der über zwei getrennte, nebeneinanderliegende MG-Drehtürme verfügte. Der M2A3 unterschied sich nur durch eine verbesserte Laufwerksaufhängung. Von allen drei Versionen wurden insgesamt 321 Panzer gebaut. Das wichtigste Modell der M2-Reihe jedoch war der 1939 entwickelte M2A4. Er besaß einen Drehturm mit einer 3,7-cm-Kanone, einem koaxialen 7,62-mm-MG und einem Fla-MG sowie drei MG gleichen Kalibers in der Wanne. Die Panzerung war von höchstens 16 auf maximal 25 mm verstärkt worden. Die Produktion des M2A4 endete im März 1941 nach 375 Exemplaren. Die frühen Versionen des M2 galten 1940 als veraltet und wurden nur noch zur Ausbildung verwendet, der M2A4 kam jedoch noch bis Anfang 1943 im Pazifikkrieg zum Einsatz.

Großbritannien hatte Anfang 1941 100 M2A4 bestellt, stornierte den Vertrag jedoch nach 36 ausgelieferten Panzern, als der M3 Stuart zur Verfügung stand.

Light Tank M2A4 der US Armee, man beachte die drei MG in der Wanne. (NARA)

Light Tank M3 *Stuart*

Die M3-Reihe war der meistgebaute leichte Panzerkampfwagen der USA und wurde unter dem Namen Stuart sowohl von britischen und Commonwealth-Streitkräften als auch der UdSSR und zahlreichen anderen Alliierten der USA in großer Zahl eingesetzt. Obwohl unterbewaffnet und zu schwach gepanzert, trug ihm seine Zuverlässigkeit und Beweglichkeit bei den Briten den Spitznamen Honey (Liebling) ein.

Der Krieg in Europa machte der US-Armee deutlich, dass ihre leichten Panzer veraltet waren, weshalb im Juli 1940 eine verbesserte Version des M2A4 in Auftrag gegeben wurde. Dieser M3 genannte Panzer war mit seinem Vorgänger in großen Teilen identisch, besaß jedoch eine stärkere Panzerung von maximal 51 mm. Um das gestiegene Gewicht zu kompensieren, wurde die Laufwerksaufhängung verstärkt und das Leitrad bekam Bodenkontakt, um die Kettenauflagelänge zu erhöhen. Wie der M2A4, war das Fahrzeug zunächst genietet und verfügte über einen 250-PS-Sternmotor aus dem Flugzeugbau, der auf ein vorn liegendes Getriebe wirkte und dem M3 eine erstaunliche Mobilität verlieh. Anachronistisch wirkte dagegen die Beibehaltung der zwei seitlich in der Wanne angebrachten MG. Die Produktion des M3 begann im April 1941 und insgesamt wurden 5811 dieser Panzer produziert. Aufgrund der ständigen Knappheit an Continental-Sternmotoren waren darunter auch etliche, die mit Guiberson-Stern-Dieselmotoren mit 220 PS ausgerüstet wurden. Die Briten nannten dieses Fahrzeuge Stuart I bzw. II. Der M3A1 verfügte über einen neuen, geschweißten Turm mit Turmdrehkorb sowie über eine kreiselstabilisierte Hauptwaffe. Die seitlichen MG in der Wanne fielen fort. Auch die 4621 M3A1 wurden mit Continental- oder Guiberson-Sternmotoren ausgerüstet, die britischen Bezeichnungen waren Stuart III und IV. Während der M3A2 niemals in Serienproduktion ging, wurden vom M3A3 bis Herbst 1943 noch einmal 3427 Panzer hergestellt. Der M3A3 verfügte über eine größere, geschweißte Wanne mit einteiliger Frontplatte und einen vergrößerten Turm zur Unterbringung der Funkausrüstung (Stuart V). Sowohl die US-Armee als auch die Briten nutzten turmlose M3 aller Versionen als Befehls- und Aufklärungsfahr-

Ein M3 der US Armee bricht aus einer Nebelwand hervor. Camp Funston (Kansas), 1942. (US Army)

Ein M3A1 im Jahr 1942 im Manöver nahe Hornbeck, Louisiana. (US Army)

Typ	leichter Panzerkampfwagen (Daten für M3A1)
Hersteller	American Car & Foundry und andere
Gefechtsgewicht	12 927 kg
Länge	4530 mm
Breite	2230 mm
Höhe	2300 mm
Motor	Continental W-670 7-Zylinder-Sternmotor (Benzin)
Hubraum	10 900 ccm
Leistung kW/PS	184/250
Leistungsgewicht	19,3 PS/t
Höchstgeschw.	58 km/h (Straße), 32 km/h (Gelände)
Kraftstoffvorrat	200 l
Fahrbereich	120 km (Straße)
Besatzung	4
Bewaffnung	1 x 3,7-cm-Kanone M 5 oder M6 L/56, 3 x 7,62-mm-M1919A4-MG
Panzerung	9,5 – 51 mm
Furttiefe	0,8 m

zeuge. Zudem verwandelten die Briten gegen Kriegsende überzählige M3 durch das Entfernen des Turmes und die Hinzufügung von Sitzbänken im Kampfraum zu einfachen Schützenpanzern (M3 Kangaroo). Auf Basis der M3-Reihe entstanden neben einigen im Kampf eingesetzten Flammpanzern auch zahlreiche Versuchsfahrzeuge, zumeist Artillerie- oder Fla-Selbstfahrlafetten, die nie über das Prototypenstadium hinauskamen.

Eine M3A1 Stuart III der britischen 7th Armoured Divison in der für Nordafrika üblichen Farbgebung. Das Fahrzeug befindet sich heute auf dem Aberdeen Proving Ground Maryland, USA.

Light Tank M5 *Stuart*

Typ	leichter Panzerkampfwagen (Daten für M5A1)
Hersteller	Cadillac Divison GMC, Massey-Harris, American Car & Foundry
Gefechtsgewicht	15 400 kg
Länge	4340 mm
Breite	2250 mm
Höhe	2300 mm
Motor	Cadillac Twin Series 42 2 x 8-Zylinder-Ottomotor
Hubraum	2 x 5700 ccm
Leistung kW/PS	zusammen 178/242
Leistungsgewich	15,7 PS/t
Höchstgeschw.	58 km/h (Straße), 32 km/h (Gelände)
Kraftstoffvorrat	340 l
Fahrbereich	160 km (Straße)
Besatzung	4
Bewaffnung	1 x 3,7-cm-Kanone M6 L/56, 3 x 7,62-mm-M1919A4-MG
Panzerung	9,5 – 67 mm
Furttiefe	0,91 m

Aufgrund der Knappheit an Continental-Sternmotoren schlug Cadillac im Herbst 1941 vor, den M3 mit einem Zwillingsmotor und einem automatischen Getriebe aus dem Automobilbau auszurüsten. Versuche mit einem umgerüsteten M3 erwiesen sich als höchst erfolgreich, sodass Seitens der US-Behörden im Februar 1942 die Serienproduktion genehmigt wurde. Um Verwechslungen mit dem mittleren Panzer M4 zu vermeiden, erhielt diese neue Version des M3 die Bezeichnung M5. Die Cadillac-Motoren machten es notwendig, die hintere Wanne zu erhöhen, zudem wurde die einteilige Frontplatte abgeschrägt. Bis Ende 1942 wurden 2075 M5 (Stuart VI) hergestellt, dann ersetzte der verbesserte M5A1 seinen Vorgänger auf den Fertigungsbändern. Der M5A1 besaß einen vergrößerten Turm sowie einige Detailverbesserungen im Bereich der Luken und Zieleinrichtungen. Nach dem Ende der M3A3 Produktion im Herbst 1943 beteiligte sich auch American Car & Foundry am Bau des M5A1. Insgesamt wurden 6810 M5A1 gefertigt. Analog zum M3 gab es auch vom M5 Flammpanzer- sowie turmlose Aufklärungs- und Befehlsversionen. Der M5 wurde zumeist nicht als Kampf, sondern als Späh- und Erkundungsfahrzeug eingesetzt. In dieser Rolle bewährte er sich aufgrund seiner Mobilität und Zuverlässigkeit jedoch bestens.

Ein britischer M5A1 Stuart VI. (Tank Museum)

Light Tank (Airborne) M22 *Locust*

Typ	Luftlandepanzer
Hersteller	Marmon-Herrington
Gefechtsgewicht	7445 kg
Länge	3930 mm
Breite	2250 mm
Höhe	1840 mm
Motor	Lycoming 0-435T 6-Zylinder-Ottomotor
Hubraum	7100 ccm
Leistung kW/PS	124/165
Leistungsgewicht	22,2 PS/t
Höchstgeschw.	64 km/h (Straße)
Kraftstoffvorrat	204 l
Fahrbereich	215 km (Straße)
Besatzung	4
Bewaffnung	1 x 3,7-cm-Kanone M6 L/56, 1 x 7,62-mm-M1919A4-MG
Panzerung	9 – 25 mm
Furttiefe	0,76 m

Im Frühjahr 1941 veröffentlichte die US-Armee eine Ausschreibung für einen Luftlandepanzer, die von Marmon-Herrington gewonnen wurde. Das Unternehmen lieferte Ende 1941 den ersten Prototyp aus. Zwei leicht veränderte Pilotmodelle folgten im Januar 1942 und von März 1943 bis Februar 1944 baute Marmon-Herrington insgesamt 830 M22. Bedingt durch die Spezifikationen der US-Armee war der Panzer sehr kompakt sowie nur leicht gepanzert und bewaffnet. Um den M22 unter den Rumpf einer Douglas C-54 Transportmaschine hängen zu können, musste der Turm abgenommen und nach der Landung wieder aufgesetzt werden, was den Einsatzwert des Panzers entschieden minderte. Da die USA kein Flugzeug besaßen, das in der Lage gewesen wäre, den komplett M22 aufzunehmen, wurde ein Großteil der Produktion an Großbritannien übergeben, das mit dem Hamilcar über einen entsprechenden Lastensegler verfügte. Die Briten setzen den dort Locust (Heuschrecke) genannten Panzer bei der Landung in der Normandie im Juni 1944 sowie bei der Überquerung des Rheins im März 1945 ein.

Oben: M22 Locust im Tank Museum Bovington. (Max Smith)

Der T9E1, das Pilotmodell des M22. (US Army)

Light Tank M24 *Chaffee*

M24 auf dem Aberdeen Proving Ground (Maryland, USA). Man beachte das fehlende 12,7-mm-Fla-MG auf dem Turm.

Die Entwurfsarbeiten für einen neuen leichten Panzer, der den M5 ersetzten sollte, begannen bei Cadillac im April 1943. Da sich der Zwillingsmotor und das automatische Hydramatic-Getriebe des M5 als sehr zuverlässig erwiesen hatten, sollte diese Kombination auch im Nachfolgemodell verwendet werden. Ein erster Prototyp wurde im Oktober 1943 fertiggestellt und noch bevor die Tests abgeschlossen waren, orderte das US-Verteidigungsministerium 5000 Exemplare des neuen, M24 genannten Panzers. Der M24 war ein recht modernes Fahrzeug und verfügte über eine günstig gestaltete Wanne mit allseits abgeschrägten Flächen zur maximalen Geschossablenkung, Drehstabfederung und eine 7,5-cm-Kanone. Dennoch war der M24 mobil und relativ klein, günstige Voraussetzungen für seine Hauptaufgabe als Aufklärungsfahrzeug. Auf Basis des M24 entstanden zudem drei Selbstfahrlafetten (Fla-Panzer M19, Panzerhaubitzen M37 und M41), die jedoch im Zweiten Weltkrieg nicht mehr zum Einsatz kamen. Zwischen April 1944 und Juli 1945 wurden insgesamt 4731 M24 gebaut, von denen Anfang Mai 1945 1163 bei US-Einheiten in Europa in Dienst standen. Auch Großbritannien erhielt eine kleine Anzahl von M24, die dort Chaffee genannt wurden.

Typ	leichter Panzerkampfwagen
Hersteller	Cadillac Division GMC, Massey Harris, American Car & Foundry
Gefechtsgewicht	18 387 kg
Länge	5030 mm (ohne Rohr)
Breite	2950 mm
Höhe	2450 mm (ohne Fla-MG)
Motor:	Cadillac Twin Series 44T24 2 x 8-Zylinder-Ottomotor
Hubraum	2 x 5700 ccm
Leistung kW/PS	zusammen 178/242
Leistungsgewicht	13,2 PS/t
Höchstgeschw.	56 km/h (Straße), 38 km/h (Gelände)
Kraftstoffvorrat	407 l
Fahrbereich	160 km (Straße)
Besatzung	5
Bewaffnung	1 x 7,5-cm-Kanone M6 L/39, 2 x 7,62-mm-M1919A4-MG, 1 x 12,7-mm-M2HB-Fla-MG
Panzerung	10 – 32 mm
Furttiefe	1 m

Medium Tank M2

Typ	mittlerer Panzerkampfwagen
Hersteller	Rock Island Arsenal
Gefechtsgewicht	21 356 kg
Länge	5330 mm
Breite	2590 mm
Höhe	2820 mm
Motor:	Wright R-975 9-Zylinder-Sternmotor (Benzin)
Hubraum	15 900 ccm
Leistung kW/PS	294/400
Leistungsgewicht	18,7 PS/t
Höchstgeschw.	42 km/h (Straße), 27 km/h (Gelände)
Kraftstoffvorrat	503 l
Fahrbereich	210 km (Straße)
Besatzung	6
Bewaffnung	1 x 3,7-cm-Kanone M3, 9 x 7,62-mm-M1919A4-MG
Panzerung	9 – 32 mm
Furttiefe	k.A.

1938 entwickelte das Rock Island Arsenal den Prototypen T5, der viele Komponenten des leichten M2 nutzte, so z. B. Laufwerk, Getriebe und das Triebwerk, das jedoch später durch einen 350-PS-Wright-Sternmotor ersetzt wurde. Der T5 wurde ausführlichen Erprobungen unterzogen und mehrfach verändert, bis der Entwurf im Sommer 1939 schließlich als mittlerer Panzer M2 von der US-Armee akzeptiert wurde. Der Drehturm war mit einer 3,7-cm-Kanone und einem koaxialen 7,62-mm-MG ausgestattet, da der M2 zur Infanterieunterstützung vorgesehen war, verfügte er aber über nicht weniger als acht weitere 7,62-mm-MG. Vier davon befanden sich in kleinen Kasematten an vier Ecken des Aufbaus, zwei waren starr nach vorn gerichtet in der Wanne eingebaut, und zwei weitere waren außen am Turm angebracht. Der Anfang 1940 entwickelte M2A1 erhielt einen stärkeren Motor, eine verbesserte Panzerung sowie breitere Ketten.
Für den M2A1 hatte das US-Verteidigungsministerium im August 1940 bereits einen Auftrag über 1000 Stück vergeben, als eine Analyse der Ereignisse in Europa zeigte, dass der Panzer bereits hoffnungslos veraltet war und der Vertrag storniert wurde. Stattdessen konzentrierte sich die US-Armee auf die Entwicklung des mittleren Panzers M3.
Insgesamt baute das Rock Island Arsenal 15 M2 und 94 M2A1, die nur zur Schulung eingesetzt wurden.

M2A1 des 67th Infantry Regiment (3rd Army) 1940 im Manöver in den USA. (US Army)

Medium Tank M3 *Lee/Grant*

Die Konstruktion des mittleren Panzers M3 begann im Sommer 1940, nachdem absehbar war, dass der Vertrag für den M2A1 storniert werden würde. Die US-Armee forderte aufgrund der wachsenden Kriegsgefahr und der Ereignisse in Europa einen Panzer, der mit einer 7,5-cm-Kanone in einem Drehturm ausgerüstet sein sollte. Da der Entwurf eines solchen Fahrzeuges jedoch Zeit benötigte, entschloss sich die US-Armee, den Vorschlag des Rock Island Arsenals eines stark modifizierten M2A1 anzunehmen. Das neue Fahrzeug übernahm das Laufwerk, das Getriebe sowie den leicht veränderten Motor des Vorgängers, besaß jedoch eine veränderte Wanne und einen neuen Panzeraufbau mit seitlichen Türen, in dem vorn rechts eine 7,5-cm-Kanone M2 L/28 mit begrenztem Schwenkbereich montiert war. Dazu kam ein nach links versetzter Drehturm mit 3,7-cm-Kanone und koaxialem MG. Auf dem Turm befand sich ein zweiter kleiner MG-Turm für den Kommandanten. Der M3 genannte Panzer war als Übergangslösung bis zum Erscheinen des noch zu konstruierenden M4 gedacht. Die Serienfertigung des M3 begann im August 1941 und lief bis Dezember 1942, in dieser Zeit wurden 6258 M3 aller Varianten gebaut. Das M3 genannte Grundmodell besaß eine genietete Wanne und einen 9-Zylinder-Sternmotor, da der Panzer jedoch von zahlreichen Firmen gebaut wurde, kam es zu unterschiedlichen Ausführungen. Die einzelnen Versionen (M3 bis M3A5) differierten vor allem in ihrer Motorisierung (Wright-Sternmotor, GMC- oder Guiberson-Diesel, GMC-Ottomotoren) sowie darin, ob ihre Wannen genietet, geschweißt oder gegossen waren. Bei späten Exemplaren sämtlicher Versionen fielen der MG-Turm sowie die Seitentüren weg und es kam eine längere 7,5-cm-Kanone M3 L/37 zum Einbau. Auch die Briten und die Armeen des Commonwealth erhielten insgesamt 2855 M3. Dort trugen unverändert übernommene M3 aller Versionen den Namen Lee, während Panzer, die speziell für die britischen Streitkräfte einen neuen Turm mit Heckauslage für die Funkausrüstung erhielten, als Grant bezeichnet wurden. Beide Modelle machten sich bei den Kämpfen in Nordafrika 1942-43 einen guten Namen und waren bei der Truppe be-

M3 Medium der US Armee auf dem Weg ins Manöver, Lousiana (USA), 1942. (US Army)

Die auf drei Ebenen angeordneten Waffen des M3 Medium werden auf dieser Aufnahme gut verdeutlicht. (NARA)

Der M31 Bergepanzer basierte auf dem M3 Medium. Wie das verbeulte Geschützrohr erahnen lässt, war die Bewaffnung des M31 nur Attrappe. Oran (Algerien), Mai 1943. (NARA)

liebt. Nachteilig war allerdings der begrenzte Schwenkbereich der Hauptwaffe, der hohe Aufzug und die insgesamt ungeschickte Formgebung des Aufbaus. Ab 1943 begann der M3 rasch zu veralten und wurde in Nordafrika und Europa durch den M4 ersetzt. Im Pazifik wurden M3 allerdings bis zum Kriegsende eingesetzt. Im Zuge des Leih- und Pacht-Abkommens wurden 1386 M3 in die UdSSR verschifft, Brasilien erhielt 96 Panzer dieses Typs. Das robuste Fahrgestell des M3 diente auch als Basis verschiedener Spezialfahrzeuge, darunter Flammversionen, Bergepanzer (M31), Artillerieschlepper (M33), Minensuchfahrzeuge und Selbstfahrlafetten (z. B. M7, M12).

Typ	mittlerer Panzerkampfwagen (Daten für M3)
Hersteller	Detroit Arsenal (Chrysler), Alco, Baldwin, Pressed Steel, Pullmann, Baldwin und andere
Gefechtsgewicht	27 900 kg
Länge	5640 mm (ohne Rohr)
Breite	2720 mm
Höhe	3020 mm
Motor:	Wright R-975-EC2 9-Zylinder-Sternmotor (Benzin)
Hubraum	15 900 ccm
Leistung kW/PS	250/340
Leistungsgewicht	12,6 PS/t
Höchstgeschw.	42 km/h (Straße), 26 km/h (Gelände)
Kraftstoffvorrat	796 l
Fahrbereich	190 km (Straße)
Besatzung	6
Bewaffnung	1 x 3,7-cm-Kanone M5 oder M6 L/56, 1 x 7,5-cm-Kanone M2 oder M3 L/28 bzw. L/37, 2 – 3 x 7,62-mm-M1919A4-MG
Panzerung	12 – 51 mm
Furttiefe	1 m

M3 Grant I der britischen 7th Armoured Division, El Alamein (Ägypten), Oktober 1942.
(Vincent Bourguignon)

Medium Tank M4 *Sherman*

Der M4 war der wichtigste und vielseitigste Panzer der westlichen Alliierten während des Zweiten Weltkriegs. Schon im August 1940 begannen die Entwurfsarbeiten für einen Nachfolger des M3, dessen Entwurf eben erst genehmigt worden war. Grundforderung an das Fahrzeug war eine 7,5-cm-Kanone mit Kreiselstabilisierung in einem um 360° schwenkbaren Turm. Um Zeit zu sparen, verwendete das Rock Island Arsenal möglichst viele Komponenten des M3, so waren Laufwerk, untere Wanne, Ketten und zunächst auch der Antrieb identisch. Neu waren hingegen das Wannenoberteil und der Drehturm. Der erste Prototyp wurde im Herbst 1941 vorgestellt und ab Februar 1942 lief die Serienproduktion an, die bis Kriegsende andauerte. Eine Vielzahl von Unternehmen bauten insgesamt sechs Grundvarianten des Sherman M4, M4A1, A2, A3, A4, A6. A5 war die US-Bezeichnungen für den kanadischen Ram, von denen jedoch auch Hybridformen existierten. Hinzu kamen zahlreiche Spezialvarianten. Diese Typisierung beruhte jedoch nicht auf einer linearen Verbesserung des Grundtyps M4, sondern auf Differenzen in der Herstellungsweise und Motorisierung. Hauptunterschied waren eine entweder gegossene, recht rundliche obere Wanne, oder eine geschweißte, die dann eckiger war. Zudem kamen, da der Sternmotor des ursprünglichen Entwurfes nicht in ausreichender Zahl zur Verfügung stand, vier weitere Motorenmodelle zum Einbau. Die Bewaffnung des M4, zunächst mit 7,5-cm-M2-Kanone L/28 und auch später mit der M3 L/37, gab oft Anlass zu Kritik, weshalb ab 1944 die 7,62-cm-Kanone M1 L/52,8 in einem neuen Turm zum Einsatz kam, welche die Feuerkraft des Panzers wesentlich erhöhte. Die ersten M4 waren dafür berüchtigt, bei einem Treffer rasch in Flammen aufzugehen, daher wurde bei späteren Exemplaren die Munition in speziellen Wasserbehältern gelagert (»wet stowage«). Auch die Panzerung des M4 wurde im Laufe der Produktion immer weiter verbessert und verstärkt, teils wurden auch Zusatzpanzerungen, z. B. über den Munitionsbunkern, aufgeschweißt. Die Hauptversion der US-Armee gegen Ende des Krieges war der M4A3E8 (Easy Eight) mit der 7,6-cm-Kanone M1 und neuem Laufwerk mit horizontalen Spiralfern (HVSS) statt der vorher verwendeten vertikalen (VVSS). Zur Infanterieunterstützung existierte eine Variante mit einer 10,5-cm-Haubitze und der M4A3E2 (inoffizieller Name Jumbo) wurde als Sturmpanzer mit bis auf 152 mm verstärkter Panzerung eingesetzt.
Den Namen Sherman erhielt der M4 von der britischen Armee, welche den Panzer ebenfalls

M4 des 13th Armored Regiment, 1st Armored Divison, der US Armee verlassen am 27. April 1944 bei Anzio (Italien) ein Panzerlandungsschiff. (US Army)

»Hurricane«, ein M4 des 66th Armored Regiment, 2nd Armored Division der US Armee, geht zwischen dem 7. und 9. Juni 1944 am Omaha-Beach an Land. Die Schächte auf dem Heck des Fahrzeuges sind eine Tiefwatvorrichtung. (NARA, via Conseil Régional de Basse-Normandie)

Motorenwechsel bei »Hurricane« einige Wochen später. Man beachte den Continental-Sternmotor links und die Zusatzpanzerung an den Wannenseiten sowie vor den Erkern von Fahrer und MG-Schütze. 16. August 1944, Le Teilleul, Normandie. (NARA, via Conseil Régional de Basse-Normandie)

in großer Zahl nutzte. Die Briten schufen ab Anfang 1944 durch den Einbau der 17-Pfünder-Kanone Kaliber 7,62 cm ihre eigene, besser bewaffnete Version des M4 (inoffizielle Bezeichnung Firefly), die endlich in Punkto Feuerkraft mit den schwereren deutschen Panzern gleichziehen konnte.

Dazu gab es neben einer verwirrenden Vielfalt von Test- und Experimentalfahrzeugen eine große Anzahl an Spezialversionen wie Flamm-, Berge- und Brückenlegepanzer, Minensuchfahrzeuge, Raketenwerfer und Artilleriezugmaschinen, sowie Panzer mit Panierschild und sogar Schwimmversionen, die z. B. während

Typ	mittlerer Panzerkampfwagen (Daten für M4A1 Sherman II)
Hersteller	Detroit Arsenal (Chrysler), Grand Blanc Arsenal (Fisher), Alco, Baldwin, Pressed Steel, Pullmann und andere
Gefechtsgewicht	30 200 kg
Länge	5890 mm (ohne Rohr)
Breite	2670 mm
Höhe	2740 mm
Motor	Wright R-975-C1 9-Zylinder-Sternmotor (Benzin)
Hubraum	15 900 ccm
Leistung kW/PS	294/400
Leistungsgewicht	13,2 PS/t
Höchstgeschw.t	40 km/h (Straße), 28 km/h (Gelände)
Kraftstoffvorrat	796 l
Fahrbereich	190 km (Straße)
Besatzung	5
Bewaffnung	1 x 7,5-cm-Kanone M2 oder M3 L/28 bzw. L/37, 2 x 7,62-mm-M1919A4-MG, 1 x 12,7-mm-M2HB-Fla-MG
Panzerung	12,7 – 76,2 mm
Furttiefe	0,91 m

Typ	mittlerer Panzerkampfwagen (Daten für M4A3E8 Easy Eight)
Hersteller	Detroit Arsenal (Chrysler), Grand Blanc Arsenal (Fisher), Ford
Gefechtsgewicht	33 650 kg
Länge	7540 mm (mit Rohr)
Breite	3000 mm
Höhe	2970 mm
Motor:	Ford GAA 8-Zylinder-Ottomotor
Hubraum	18 000 ccm
Leistung kW/PS	368/500
Leistungsgewicht	14,9 PS/t
Höchstgeschw.	42 km/h (Straße), 28 km/h (Gelände)
Kraftstoffvorrat	764 l
Fahrbereich	160 km (Straße)
Besatzung	5
Bewaffnung	1 x 7,62-cm-Kanone M1 L/52,8, 2 x 7,62-mm-M1919A4-MG, 1 x 12,7-mm-M2HB-Fla-MG
Panzerung	12,7 – 108 mm
Furttiefe	0,91 m

Rechts: M4A3E8 mit 7,6-cm-Kanone und HVSS-Laufwerk der US Armee, Deutschland, März 1945. (US Army)

Linke Seite unten: Ein britischer Sherman VC mit 17-Pfünder Kanone (Firefly), gut an der Mündungsbremse zu erkennen. Der Sherman VC basierte auf der Wanne des M4A4 mit Chrysler WC Multibank Motor aus fünf gekoppelten Pkw-Motoren mit zusammen 370 PS.

(Tank Museum)

Die Details des HVSS-Laufwerks sind bei diesem M4A3E8 des Tank Museums Bovington gut zu erkennen. (Sean Barnett, cc-by-sa 2.5)

der Invasion der Normandie zum Einsatz kamen. Das Fahrgestell des M4 diente desweiteren als Basis zahlreicher Selbstfahrlafetten, wie z. B. M7B1, M10, M36 und M40. Seine Feuertaufe erhielt der M4 im Oktober 1942 bei El Alamein in Nordafrika, und ab diesem Zeitpunkt war er überall dort zu finden, wo alliierte Truppen auftauchten. Auch die Rote Armee erhielt im Zuge der Leih- und Pacht-Lieferungen rund 2000 M4, war allerdings alles andere als zufrieden mit dem Fahrzeug und erachtete den T-34 als weit überlegen. Der M4 wird häufig unterschätzt und im Vergleich zum Panther negativ beurteilt. Dabei sollte man jedoch nicht vergessen, dass der Sherman bei aller Kritik drei Eigenschaften besaß, die seinem Rivalen fehlten: Er war zuverlässig, robust und in riesigen Mengen verfügbar. Bis Mai 1945 wurden insgesamt 49 243 M4 aller Modelle hergestellt.

T34 Raketenwerfer (»Calliope«) auf einem M4 der 80th Division der US Army, März 1945. Der T34 Werfer bestand aus 60 Rohren des Kalibers 11,43 cm (4,5 inch). Die Höhenrichtung erfolgte mittels eines Gestänges über das Kanonenrohr. (NARA)

M4A3 mit Räumschild. Das Fahrzeug besitzt ein HVSS-Laufwerk und eine 10,5-cm-Haubitze. (NARA)

Heavy Tank
M26 *Pershing*

Typ	schwerer Panzerkampfwagen
Hersteller	Grand Blanc Arsenal (Fisher), Detroit Arsenal (Chrysler)
Gefechtsgewicht	41 891 kg
Länge	6510 mm (ohne Rohr)
Breite	3510 mm
Höhe	2780 mm
Motor:	Ford GAF 8-Zylinder-Ottomotor
Hubraum	18 000 ccm
Leistung kW/PS	368/500
Leistungsgewicht	11,9 PS/t
Höchstgeschw.	40 km/h (Straße), 18 km/h (Gelände)
Kraftstoffvorrat	832 l
Fahrbereich	160 km (Straße)
Besatzung	5
Bewaffnung	1 x 9-cm-Kanone M3 L/55, 2 x 7,62-mm-M1919A4-MG, 1 x 12,7-mm-M2HB-Fla-MG
Panzerung	12,7 – 114 mm
Furttiefe	1,22 m

Bereits 1942 begann die Suche nach einem Nachfolgemodell des M4. Die Konstruktions- und Entwicklungsarbeiten gestalteten sich allerdings recht kompliziert, da die Anforderungen an das Fahrzeug immer wieder geändert wurden und die US-Armee an einem Punkt sogar erklärte, den neuen Panzer gar nicht mehr zu benötigen. Über die Prototypen T25 und T26 kam man im Frühjahr 1944 zum T26E1, aus dem mit minimalen Veränderungen das Vorserienmodell T26E3 wurde. Die Ardennenoffensive Ende 1944 bekräftigte die Notwendigkeit eines Panzers, der fähig war mit Panther und Tiger gleichzuziehen, sodass im Januar 1945 die ersten T26E3 nach Europa verschifft wurden. Da diese sich bei den Kampfeinheiten bestens bewährten, wurde der Entwurf im März 1945 offiziell als M26 übernommen und die Serienproduktion konnte im großen Stile anlaufen. Bis Juni 1945 wurden insgesamt 1436 T26E3/M26 produziert, von denen jedoch nur noch 310 vor Kriegsende in Europa ankamen und noch weniger im Kampf eingesetzt wurden.

Diese erwiesen sich allerdings als sehr erfolgreich. Im pazifischen Raum kamen einige Pershing noch bei der Schlacht um Okinawa im Mai 1945 zum Einsatz. Nach 1945 wurden aus dem M26 der M46, M47, M48 und M60 entwickelt, wobei die letzten beiden Typen teils noch heute in Dienst stehen.

Mit dem M26 vermochte die US Army endlich den schweren deutschen Panzern etwas Gleichwertiges entgegen zu setzen. (US Army)

Gun Motor Carriage M10 *Wolverine*

Typ	Jagdpanzer (Daten für M10)
Hersteller	Grand Blanc Arsenal (Fisher), Ford
Gefechtsgewicht	29 937 kg
Länge	5970 mm (ohne Rohr)
Breite	3050 mm
Höhe	2480 mm (ohne Fla-MG)
Motor:	GMC 6-71 6046 Twin, 2 x 6 -Zylinder-Dieselmotor
Hubraum	13 900 ccm
Leistung kW/PS	276/375
Leistungsgewicht	12,5 PS/t
Höchstgeschw.	48 km/h (Straße), 28 km/h (Gelände)
Kraftstoffvorrat	750 l
Fahrbereich	320 km (Straße)
Besatzung	5
Bewaffnung	1 x 7,62-cm-Kanone M7 L/50, 1 x 12,7-mm-M2HB-Fla-MG
Panzerung	9,5 – 51 mm
Furttiefe	0,91 m

Zu Anfang des Zweiten Weltkriegs sollten Panzerkampfwagen in der US-Armee vor allem der Infanterieunterstützung dienen, während der Kampf gegen gegnerische Tanks die Aufgabe spezieller Jagdpanzer war. Daher begann im April 1942 die Planung für ein solches Fahrzeug auf Basis des M4A2 mit Dieselmotor. Die Serienfertigung des M10 begann im September 1942. Der speziell entwickelte Turm war oben offen und trug eine 7,62-cm-Kanone. Um das Fahrzeug beweglicher zu machen, war die Panzerung zwar dünner als beim M4A2, jedoch auch besser abgeschrägt. Seine Feuertaufe erlebte der M10 Ende 1942 in Tunesien und wurde danach sowohl in Italien als auch in Frankreich oft eingesetzt. Auch die französischen und britischen Verbände erhielten größere Mengen an M10 (bei den Briten Wolverine genannt). In Großbritannien wurde ab Ende 1944 bei vielen M10 die ursprüngliche Hauptwaffe gegen eine 17-Pfünder-Pak ausgetauscht. Diese Fahrzeuge erhielten den Namen Achilles und erwiesen sich als hervorragende Jagdpanzer. Um die Produktion zu beschleunigen wurden M10 auch auf Basis des M4A3 gebaut, diese Version trug die Bezeichnung M10A1. Die meisten M10A1 dienten jedoch in den USA zunächst nur zur Ausbildung oder wurden, nachdem der Turm entfernt worden war, zu M35 Artillerieschleppern umgerüstet. Insgesamt entstanden bis Dezember 1943 6706 M10 und M10A1.

Ein früher M10 bei Erprobungen in den USA. (NARA)

Gun Motor Carriage M18 *Hellcat*

Typ	leichter Jagdpanzer
Hersteller	Buick Division GMC
Gefechtsgewicht	17 036 kg
Länge	6680 mm (mit Rohr)
Breite	2870 mm
Höhe	2570 mm
Motor:	Wright R-975-C4 9-Zylinder-Sternmotor (Benzin)
Hubraum	15 900 ccm
Leistung kW/PS	294/400
Leistungsgewicht	23,5 PS/t
Höchstgeschw.	80 km/h (Straße), 32 km/h (Gelände)
Kraftstoffvorrat	750 l
Fahrbereich	170 – 240 km (Straße)
Besatzung	5
Bewaffnung	1 x 7,62-cm-Kanone M1 L/52,8, 1 x 12,7-mm-M2HB-Fla-MG
Panzerung	6,35 – 25,4 mm
Furttiefe	1,22 m

Im Dezember 1941 veröffentlichte die US-Armee eine Ausschreibung für einen leichten Jagdpanzer, der über eine 3,7-cm-Kanone, ein Christie-Laufwerk und einen Wright R-975 Sternmotor verfügen sollte. Unter dem Eindruck der Kampferfahrungen in Nordafrika wurde die 3,7-cm-Waffe zunächst durch eine 5,7-cm, dann durch eine 7,5-cm und schließlich eine 7,62-cm-Kanone ersetzt. Die Christie-Aufhängung wich einem Drehstablaufwerk, und der so entstandene Prototyp T70 wurde ab Juli 1943 als M18 in die Serienproduktion übernommen. Der Name Hellcat blieb stets inoffiziell. Um Gewicht zu sparen, war die Panzerung des M18 nur sehr dünn und der Turm nach oben hin offen. Allerdings war die Panzerung geschossablenkend geformt und die hohe Geschwindigkeit (80 km/h) sorgte dafür, dass der M18 stärkeren Gegnern rasch entkommen konnte. Die 7,62-cm-Kanone durchschlug zwar nicht die Frontpanzerung schwerer deutscher Panzer, doch war der M18 wendig genug, um sich in eine günstige Angriffsposition seitlich oder hinter seinen Gegner zu bringen. Insgesamt wurden bis Oktober 1944 2507 M18 gebaut. Unter der Bezeichnung M39 wurde auf Basis des M18 zudem ein Transport- und Schützenpanzer für zwei plus sieben Soldaten geschaffen.

Ein perfekt restaurierter M18 eines Sammlers aus den USA. (Elihu C. Ihms, cc-by-sa 2.5)

Gun Motor Carriage M36

Typ	Jagdpanzer (Daten für M36)
Hersteller	Grand Blanc Arsenal (Fisher), Alco, Massey Harris, Montreal Locomotive Works
Gefechtsgewicht	29 000 kg
Länge	5970 mm (ohne Rohr)
Breite	3050 mm
Höhe	2720 mm (ohne Fla-MG)
Motor:	Ford GAA 8 -Zylinder-Dieselmotor
Hubraum	18 000 ccm
Leistung kW/PS	368/500
Leistungsgewicht	17, 2 PS/t
Höchstgeschw.	48 km/h (Straße), 32 km/h (Gelände)
Kraftstoffvorrat	727 l
Fahrbereich	240 km (Straße)
Besatzung	5
Bewaffnung	1 x 9-cm-Kanone M3 L/53, 1 x 12,7-mm-M2HB-Fla-MG
Panzerung	9,5 – 108 mm
Furttiefe	0,91 m

Bereits kurz nach Beginn der Fertigung des M10 wurden seitens der US-Armee Überlegungen angestellt, ob es nicht möglich sei in dessen Turm eine 9-cm-Waffe unterzubringen. Dies aber erwies sich als unmöglich, sodass ab April 1943 ein völlig neuer Turm entworfen werden musste. Da dieses Projekt keine Priorität genoss, dauerte es bis zum Juni 1944, ehe das neue Fahrzeug als M36 offiziell von der US-Armee übernommen wurde. Der M36 entstand durch die Verbindung bereits existierender oder neu gefertigter M10A1-Wannen mit einem neuen Turm für die 9-cm-Kanone M3. Ab Spätsommer 1944 kamen M36 in Frankreich zum Einsatz und erwiesen sich als die einzigen Fahrzeuge der US-Armee, die den schweren deutschen Panzern Paroli bieten konnten, weshalb nun rasch möglichst viele M36 produziert werden sollten. Aus diesem Grund wurden zusätzlich einige unveränderte M4A3 (M36B1) und M10 Wannen (M36B2) für die Umrüstung genutzt. Einige mit M36 ausgerüstete Einheiten erzielten bei recht geringen eigenen Verlusten teils erstaunliche Erfolge. Insgesamt entstanden bis Juli 1945 1722 M36 aller Versionen.

Eine Kolonne M36 des 703rd Tank Destroyer Battalion der 82nd Airborne Division nahe Werbomont, Belgien, 20. Dezember 1944.
(US Army)

Howitzer Motor Carriage M7

Typ	mittlerer Panzerhaubitze (Daten für M7)
Hersteller	Alco, Federal Machine and Welder
Gefechtsgewicht	23 000 kg
Länge	6020 mm
Breite	2870 mm
Höhe	2920 mm
Motor:	Wright R-975-EC2 9-Zylinder-Sternmotor (Benzin)
Hubraum	15 900 ccm
Leistung kW/PS	250/340
Leistungsgewicht	12,6 PS/t
Höchstgeschw.	42 km/h (Straße), 26 km/h (Gelände)
Kraftstoffvorrat	662 l
Fahrbereich	190 km (Straße)
Besatzung	6
Bewaffnung	1 x 10,5-cm-Haubitze M2A1 L/22, 1 x 12,7-mm-M2HB-Fla-MG
Panzerung	12,7 – 51 mm
Furttiefe	1 m

Zur mobilen Feuerunterstützung der US-Panzereinheiten entstand auf Basis des mittleren Panzers M3 die Panzerhaubitze M7. Dazu wurde die obere Wanne des M3 dem neuen Zweck entsprechend verändert und ein oben offener Kampfraum mit einer 10,5-cm-Haubitze geschaffen. Zur Flugabwehr und Nahverteidigung erhielt das Fahrzeug auf der rechten Seite ein 12,7-mm-MG in einem runden Anbau, der an die Kanzel eines Priesters erinnerte, daher gaben die Briten dem Fahrzeug den Namen Priest. Die Serienproduktion des M7 begann im April 1942 und schon bald wurden die ersten Fahrzeuge bei der britischen 8. Armee in Nordafrika eingesetzt, wo sie sich gut bewährten. Die britischen M7 wurden jedoch nach und nach durch Sexton ersetzt und für andere Zwecke umgerüstet, so z.B. zu Schützenpanzern für bis zu 20 Soldaten (Kangaroo). Bei der US-Armee blieb der M7 jedoch bis Kriegsende die Standard-Panzerhaubitze. Späte M7 übernahmen zunehmend Teile aus der M4 Produktion und als die Fertigung des M3 auslief, wurde der M7 auf Basis des M4A3 weitergebaut. Diese Version trug die Bezeichnung M7B1. Insgesamt wurden 4316 M7 aller Varianten hergestellt.

Eine M7 Panzerhaubitze der US Army in Feuerstellung, Italien, Oktober 1944. (NARA)

Howitzer Motor Carriage M8

Typ	leichter Panzerhaubitze
Hersteller	Cadillac Divison GMC
Gefechtsgewicht	15 700 kg
Länge	4980 mm
Breite	2250 mm
Höhe	2720 mm (mit Fla-MG)
Motor	Cadillac Twin Series 42 2 x 8-Zylinder-Ottomotor
Hubraum	2 x 5700 ccm
Leistung kW/PS	zusammen 178/242
Leistungsgewicht	15,4 PS/t
Höchstgeschw.	58 km/h (Straße), 32 km/h (Gelände)
Kraftstoffvorrat	340 l
Fahrbereich	160 km (Straße)
Besatzung	4
Bewaffnung	1 x 7,5-cm-Haubitze M2 oder M3, 1 x 12,7-mm-M2HB-Fla-MG
Panzerung	9,5 – 44,5 mm
Furttiefe	0,91 m

Der M8 war eine Panzerhaubitze auf Basis des leichten Panzers M5 und diente der Feuerunterstützung von US-Panzereinheiten.
Die Wanne des M5 wurde praktisch unverändert übernommen, einzig der Platz des Beifahrers/MG-Schützen im Bug fiel weg und die Luke des Fahrers befand sich vorn auf der Frontplatte. Der nach oben offene, um 360° schwenkbare Turm war eine Neukonstruktion und trug eine 7,5-cm-Haubitze M2 (später M3) L/16 sowie ein 12,7-mm-Fla-MG. Erste Versuche zur Unterbringung einer solchen Waffe auf dem Fahrgestell des M5 begannen Anfang 1942, im April 1942 wurde ein Prototyp fertiggestellt und im September jenes Jahres begann bei Cadillac die Serienproduktion. Insgesamt wurden bis Januar 1944 1778 M8 hergestellt, die vor allem in Italien und Frankreich, aber auch im pazifischen Raum zum Einsatz kamen. Mit der Einführung der mit einer 10,5-cm-Haubitze bewaffneten Versionen des M4 Sherman ab dem Frühjahr 1944 begann der Abzug des M8 aus den Fronteinheiten.

Zwei M8 auf einer Landstraße in England, Frühjahr 1945. (NARA)

Gun Motor Carriage M12

Im Juni 1941 gab das US-Waffenamt eine Selbstfahrlafette für die 15,5-cm-Kanone M1918 in Auftrag, Basis sollte der mittlere Panzer M3 sein. Der daraus entstandene Prototyp T6 GMC wurde dann jedoch abgelehnt, da die Armee keinen Bedarf für diese Waffe sah. Trotzdem bestellte das US-Waffenamt 100 M12 genannte Vorserienexemplare, die von August 1942 bis März 1943 ausgeliefert wurden. Die Wanne des M3 war dabei so umgestaltet worden, dass der Motor in der Mitte und der Kampfraum hinten lag. Waffe und Geschützbedienung blieben ohne Panzerschutz, was aber, zumindest theoretisch, kein Problem darstellte, da der M12 als Fernartillerie eingesetzt werden sollte.
Erst Anfang 1944, in Vorbereitung der Landung in der Normandie, zeigte die US-Armee plötzlich doch noch Interesse am M12. 75 Fahrzeuge wurden bei Baldwin grundüberholt und nach Europa geschickt. Dort zeigten sie exzellente Eigenschaften als Artilleriewaffe. Der M12 konnte nur 10 Schuss mitführen, daher wurde er ständig von einem M30 Transporter (M12 ohne Haubitze) begleitet, der die Mannschaft und weitere 40 Granaten beförderte.

Typ	schwere Panzerhaubitze
Hersteller	Pressed Steel Car Co.
Gefechtsgewicht	27 000 kg
Länge	6370 mm
Breite	2670 mm
Höhe	2880 mm
Motor:	Wright R-975-EC2 9-Zylinder-Sternmotor (Benzin)
Hubraum	15 900 ccm
Leistung kW/PS	250/340
Leistungsgewicht	12,6 PS/t
Höchstgeschw.	38 km/h (Straße), 26 km/h (Gelände)
Kraftstoffvorrat	775 l
Fahrbereich	220 km (Straße)
Besatzung	6
Bewaffnung	1 x 15,5-cm-Haubitze 1918 (M30 1 x 12,7-mm-M2HB-Fla-MG)
Panzerung	12,7 – 51 mm
Furttiefe	1 m

Rechts oben: Halbfrontansicht eines M30 Transportfahrzeuges. (US Army)

»Buccaneer« getaufte M12 Panzerhaubitze in Stellung, Frankreich, 25. November 1944 (NARA)

Landing Vehicle Tracked (Armored) LVT (A)

Während des Zweiten Weltkrieges schufen die USA unter der Bezeichnung LVT (Landing Vehicle Tracked – Landungsfahrzeug mit Gleisketten) eine ganze Reihe von amphibischen Transport- und Kampffahrzeugen, die es in gepanzerten und ungepanzerten Varianten gab. Diese Reihe basierte auf einem Entwurf von Donald Roebling, der ein schwimmfähiges Gleiskettenfahrzeug konstruiert hatte, das im Wasser über seine Ketten angetrieben wurde. 1940 wurden die US-Streitkräfte auf dieses Alligator genannte Fahrzeug aufmerksam und Roebling überarbeitete den Entwurf für das US Marine Corps, woraus das LVT-1 entstand. Eine verbesserte und vergrößerte Version trug die Bezeichnung LVT-2. Beide waren ungepanzerte Transporter für Truppen und Material und wurden ab Ende 1942 vor allem im Pazifik eingesetzt. Unter Gefechtsbedingungen erwies sich jedoch rasch eine gepanzerte und bewaffnete Version als wünschenswert. Daher wurde das LVT-2 ab Ende 1943 zum LVT(A)-1 und LVT(A)-2 umkonstruiert. Das »A« stand dabei für »Armored« (gepanzert). Das LVT(A)-2 entsprach weitgehend dem LVT-2 und war wie dieses nach oben hin offen, jedoch gepanzert. Es war mit zwei bis vier MG bewaffnet und konnte neben drei Mann Besatzung maximal 24 Soldaten oder eine entsprechende Menge Fracht befördern. Das LVT(A)-1 hingegen besaß den Turm des leichten Panzers M3 mit einer 3,7-cm-Kanone und zwei seitliche MG hinter Schutzschilden. Das ab Mitte 1944 eingesetzte LVT(A)-4 war eine Weiterentwicklung des LVT(A)-1 und trug den Turm der leichten Panzerhaubitze M8 mit einer 7,5-cm-Waffe. Die seitliche MG-Stände fielen bei dieser Version fort. Im Felde wurden einige Fahrzeuge auch mit Flammen- oder Raketenwerfern ausgerüstet. Hauptnachteil des LVT-2 und seiner

LVT(A)-2 des US Marine Corps 1945 auf Iwo Jima. (USMC)

Oben: LVT(A)-4 mit 7,5-cm-Haubitze im Turm des M8. (NARA)

gepanzerten Varianten war allerdings der hinten gelegene Motor, sodass Fracht und Soldaten über die Seitenwände entladen bzw. aussteigen mussten. Als verbesserte Version entstand daher bereits Ende 1943 das LVT-4 mit mittig gelegenem Motor, um das Heck für eine Laderampe frei zu machen. Während die LVT-2/4 Reihe sämtlich von Continental-Sternmotoren angetrieben wurde, besaß das LVT-3 zwei seitliche Cadillac-Motoren mit Hydramatic-Getriebe, wie sie auch im M5 und M24 verwendetet wurden. Durch diese Konfiguration blieb bei diesem Modell ebenfalls Raum für eine Heckrampe. Auch die britische Armee erhielt einige Hundert LVT, die z. B. im März 1945 an der Überquerung des Rheins teilnahmen.
Insgesamt wurden bis Kriegsende von zahlreichen Firmen über 18 000 LVT aller Versionen produziert, darunter 1225 LVT-1, 2963 LVT-2, 509 LVT(A)-1, 450 LVT(A)-2, 1890 LVT(A)-4, 8438 LVT-4 und 2692 LVT-3.

Typ	gepanzertes Amphibienfahrzeug (Daten für LVT(A)-4)
Hersteller	Food Machinery Corp. und andere
Gefechtsgewicht	14 900 kg
Länge	7950 mm
Breite	3250 mm
Höhe	2500 mm
Motor	Continental W-670-9A 7-Zylinder-Sternmotor (Benzin)
Hubraum	10 900 ccm
Leistung kW/PS	184/250
Leistungsgewicht	16,8 PS/t
Höchstgeschw.	32 km/h (Straße), 12 km/h (Wasser)
Kraftstoffvorrat	400 l
Fahrbereich	240 km (Straße), 80 km (Wasser)
Besatzung	5
Bewaffnung	1 x 7,5-cm-Haubitze M2 oder M3 L/16, 1 x 12,7-mm-M2HB-Fla-MG
Panzerung	Wanne 5 – 12,7 mm, Turm bis 44,5 mm
Furttiefe	amphibisch

Weitere Titel dieser Reihe:

Jörg Siegert
Panzer der NVA
Band 2
Radfahrzeuge
1956–1990

128 Seiten, 138 Bilder, davon 44 in Farbe

ISBN 978-3-613-03016-9 **€ 9,95**

Alexander Lüdeke
Panzer der Wehrmacht
Band 2
Rad- und Halbketten-fahrzeuge
1939–1945

128 Seiten, 157 Bilder, davon 60 in Farbe

ISBN 978-3-613-03015-2 **€ 9,95**

Jörg Siegert
Panzer der NVA
Band 1
1956–1990

128 Seiten, 152 Bilder, davon 41 in Farbe

ISBN 978-3-613-02954-5
€ 9,95

Karl Anweiler/
Manfred Pahlkötter
Panzer der Bundeswehr
seit 1956

128 Seiten, 121 Bilder, davon 95 in Farbe

ISBN 978-3-613-02851-7
€ 9,95

Alexander Lüdeke
Panzer der Wehrmacht
Band 1
1933–1945

128 Seiten, 169 Bilder, davon 94 in Farbe

ISBN 978-3-613-02953-8
€ 9,95

IHR VERLAG FÜR MILITARIA-BÜCHER

Motor buch Verlag

Postfach 10 37 43 · 70032 Stuttgart
Tel. (07 11) 2 10 80 65 · Fax (07 11) 2 10 80 70
www.paul-pietsch-verlage.de

Stand Juni 2009
Änderungen in Preis und Lieferfähigkeit vorbehalten